건축과 인간

선문대학교
SUN MOON UNIVERSITY

EUGENE RASKIN, A.I.A.

Adjunct Professor of Architecture

Columbia University

Architecture and People

PRENTICE HALL. INC.

Eaglewood Cliffs. New Jersey

건축과 인간

EUGENE RASKIN...... 저

– 공역 및 감수... 이장범

– 공역... 김경영, 신현준

강민구, 권혁상

박주영, 김미경

김현애, 남기설

신지연, 문장원

안은경, 오지선

이은호, 유선경

이창수, 김재욱

장윤재, 이상우

선문대학교

목 차

| 서 문 |

Eugene Raskin은 건축의 주인공에 관한 책을 써왔다.

건축가가 되고 싶어 하는 사람을 위해서
건축가에게 일을 의뢰할 계획이 있는 사람을 위해서
그리고
건축을 이용하는 사람을 위해서
즉
모든 사람들을 위해서.

Eugene Raskin은 건축가이고 건축 비평가이며, 작가이고 작곡가이며 연주가이다
이것은 그의 책이 왜

이해가 쉬우면서 간결하고
간결하지만 명료하고
명료하지만 재치가 있고
재치가 있지만 많은 정보를 많이 갖고 있으며
정보를 많이 갖고 있으면서도 인간적이고
인간적이지만 지나치지 않는가라고 하는 것이다.

Eugene Raskin이 나에게 이 책의 서문을 써달라고 요청했다.
이 책을 읽고 난 후 나는 서문 대신에 내 나름대로 느낀 바를 다음과 같이 요약하는 것이 좋겠다고 생각했다.

우리 모두는 건축을 경험하고, 사용하고, 즐기고, 건축에 관해 이야기하고, 그리고 건축을 통해 고통을 경험한다. 그러나 우리 중 극소수만이 건축을 알고 있다.

건축은 모든 사람을 위한 것이다. 그래서 이상적으로 모든 사람이 건축가이다.

건축은 예술, 과학, 인간, 재료, 정치, 돈 그리고 또 돈이다.

건축은 과거에 기초하고 미래에 사용하기 위해 현재라는 시간 속에 지어진다.

과거는 잊혀지고 현재는 바로 지금이며 미래는 알려져 있지 않다.

그래서 건축이 어렵다는 것은 그리 놀랄만한 일이 아니다.

건축의 관용과 포악함, 미와 추함은 사회 도덕성의 잣대이다. 만약 변화라는 것을 믿는다면 변천기의 사회에서는 변화하고 혼란스럽고 매혹적인 건축을 만들어낸다.

아름다움은 건축에서 필요하지만 건축의 필요충분조건은 아니다. 돈은 건축에서 아름다운 필요충분조건은 아니지만 구조적으로 정확한 것을 만들어내 것에는 필수적이다.

현대 건축가는 그가 모든 것에 대해 모르는 것이 없을 때까지 더욱 더 많은 것에 대하여 알아야만 한다.

현대 엔지니어는 아무것도 아닌 것까지도 잘 알 수 있을 정도로 아주 작은 것까지도 많이 알고 있어야 한다. 그들은 서로를 잘 이해하는 경우가 거의 드물다.

최고의 건축가는 사람들에게도 최고이다. 건축주를 위해서가 아니다. 건설업자를 위해서가 아니다. 엔지니어를 위해서가 아니다. 또한 건축가를 위해서가 아니다.

건축은 팀 작업의 결실이고 그동안 과거에도 결실이어 왔다. 그러나 과거에는 동일한 사람이 팀이었으나 오늘날에는 좋은 건축이 성취되려면 그 팀은 반드시 단 한명이어야 한다.

좋은 팀이란 각각의 구성원에 의해 독립적으로 얻을 수 있는 결과의 합계보다 뛰어난 결과를 얻을 수 있는 것이다.

위대하지만 고독하고 외로운 사람은 위대한 화가나 위대한 작곡자가 될지 모른다. 그러나 사람을 사랑하는 위대한 사람만이 위대한 건축가가 될 수 있다. 말이 아니라 그의 건축에 의해서 건축가를 판단한다.

건축가는 건물을 단지 설계하는 사람이 아니다. 건축가는 그것을 설계하고 그 설계를 건축주에게 팔고 그것이 지어지는 것을 보는 사람이다.

위대한 건축가는 설계의 중요한 관점을 잃지 않고 상세한 부분까지도 주의를 기울인다.

어떤 건축도 최소한으로 지은 건축보다 좋은 것이 없다.(아마도 이것은 왜 미국 건축이 대체로 좋은가에 대한 이유이다. 80%의 건물이 건축가에 의해 설계되지 않았다.)

건축은 가르쳐지지 않는다. 진실로. (이것이 왜 좋은 건축학교가 없는지에 대한 이유이다.) 그러나 건축은 배울 수 있다. (이것이 왜 좋은 건축가가 있는지에 대한 이유이다.)

좋은 건축은 Le Corbusier가 말했듯이 살기위한 기계이다. 이러한 사실로 볼 때 건축이 디자이너에게는 단순한 기념물이 아님을 의미한다.

현대 건물의 50%의 비용이 숨겨진 파이프, 모터 그리고 펌프 등 설비에 들어가고 25%가 서있는 구조물에 쓰인다. 그러나 그 건물의 공간은 건축의 결과물이다.

오늘날 건축은 수십억 명을 위해 짓는 것을 뜻하며 그래서 수십억 달러를 운용하는 사람을 위한 마천루와 조립하는데 수천만 달러가 들어가는 큰 지붕을 뜻한다. (이 순서대로) 더 많은 건축이 마천루가 되어가며 홀이 적어지고 더구나 주택으로는 더욱 적어진다. 이것이 사회양심의 또 다른 척도이다.

조각은 조각가 마음대로 된다. 건축은 항상 목적을 위해 만들어진다. 어느 누구도 건축을 조각 할 수 없다.

로마 사람들은 그들 주택의 전면에 "Parva, sed apta mihi"라고 썼는데 이는 '작다, 그러나 나에게 맞는다.'라는 의미이다. 똑같은 글 새김이 20개의 침실이 있는 빌라에도 나타난다. 인간을 위한 건축과 보여주기 위한 건축 사이에는 차이가 있다.

서구사회는 수많은 개인주의자들로 구성되어 있다. 그들은 동일한 영화를 보고 싶어 하며, 동일한 서비스에 참여하고, 동일한 콘서트에 가며, 대단히 큰 하나의 지붕 밑에서 동일한 게임 하기를 좋아한다. 수많은 사람을 위한 건축은 자유인의 형제애의 증거일지도 모른다.

건축이 인간의 기본적인 필요를 충족시키기 때문에 필수적으로 보수적이어만 한다. 우리는 항상 그러하듯이 먹고, 놀고, 자고 그리고 자식을 낳는다.

파타고니아 사람들은 신이 살 수 있는 거주처로 큰 돔이 있는 홀을 건축 했지만 이직도 거친 기후 조건의 야외에서 산다. 건축은 기술보다는 문화의 결실이다.

건축가는 도시를 설계하고 싶어 하고 도시 디자이너가 된다. 도시 디자이너는 지역을 설계하고 싶어 하고 계획가가 된다. 계획가는 국가를 설계하고 싶어 하고 정치가가 된다. 그러나 좋은 건축의 목표는 제한된다.

건축은 피, 땀 그리고 눈물이다. 그러나 그것은 사랑, 형제애 그리고 황홀함이다. 이 책을 읽은 후에 제가 쓸 서문은 하찮아 보인다. 왜냐하면 이 책은 정말 좋은 책이기 때문이다.

Mario G Salvadori

번역을 마치면서

긴 시간이었습니다.

유난히도 덥던 여름에 시작하여 흰 눈 내리는 겨울까지 계속된 작업이었습니다. 강의계획서를 만들고 첫 단원의 번역을 시작하면서 쉽지 않으리라 생각했지만 이제 마지막 번역과 교정 작업을 마치면서 많은 생각이 교차 됩니다. 각 장마다 1명씩 할당하여 수업 시간에 발표하고 번역을 교정, 감수하면서 때로는 힘들고, 때로는 어린 싹에 단비 같은 물을 뿌리는 심정으로 마음을 가다듬기도 했는데…

오역을 바로 잡는데 들인 많은 시간들이 지금은 하나의 아쉬움도 없습니다. 직접 번역하는 것이 훨씬 수월할지는 몰라도 단순한 번역이 목적이 아니었기에, 굳이 교과 과정에 포함시켜 영어를 익히고, 또 건축가의 업무, 책임, 건축의 본질과 건축적 사고의 흐름을 알 수 있도록 해보려는 의도가 학생들에게 잘 전달되었고, 저자의 해박한 건축 지식과 건축관도 어느 정도 이해하였으리라고 봅니다.

오랜 시간 노력한 결과물로 책을 내놓으면서 어려운 과정을 훌륭히 마무리해준 2005학년도 건축 디자인 이론 수강 학생 여러분들에게 감사와 함께 찬사를 보냅니다.

지난 겨울 영암 일출산 산사에서 만난 지혜로운 삶에 관한 소중한 글귀를 되새기며 탈고의 기쁨을 모든 학생들과 함께 하고자 합니다.

지혜로운 이의 삶

유리하다고 교만하지 말고
불리하다고 비굴하지 말라.
무엇을 들었다고 쉽게 행동하지 말고
그것이 사실인지 깊이 생각하여
이치가 명확할 때 과감히 행동하라.
벙어리처럼 침묵하고
임금처럼 말하며
눈처럼 냉정하고 불처럼 뜨거워라.
태산 같은 자부심을 갖고
누운 풀처럼 자기를 낮추어라.
역경을 참아 이겨내고
형편이 잘 풀릴 때를 조심하라.
재물을 오물처럼 볼 줄도 알고
터지는 분노를 잘 다스려라.
때로는 마음껏 풍류를 즐기고
사슴처럼 두려워 할 줄도 알고
호랑이처럼 무섭고 사나워라.
이것이 지혜로운 이의 삶이니라.

2005년 12월 20일

연구실에서 이장범

1장 인간을 위한 환경으로서 건축

Architecture as Human Environment

개미, 벌 그리고 비버처럼 인간도 신이 만들어 놓은 지구 환경에 만족하지 않으며
좀 더 좋은 것과 자신들의 위엄을 높이는데 적합한 것을 만드는 것을 의무감처럼 느낀다.
개미는 언덕을 만들고 벌은 벌집을 만들며 비버는 댐을 만든다.
그러나 인간은 건축을 창조한다.

대다수의 인류는 자기 자신이 창조한 실내 환경에서 대부분의 시간을 보낸다. 하지만 때때로 날씨에 관해 불만을 표시하는데, 밖에는 단지 무를 심거나 나무를 베기 위해 밖에 나온다. 우리는 실내에서 태어나 살며 사랑을 하고, 가족을 부양하거나, 예배하고, 일하며, 나이를 먹고, 실내에서 죽는다. 이슬람교도의 경우에는 실내에 묻히며, 심지어 장례식 또한 거의 실내에서 행해진다.

병원, 학교, 주택, 사무소 빌딩, 교회등과 같이 사람이 창조한 환경을 우리는 건축이라 부르고 있다. 당연히 건축은 우리들이 종사하는 활동의 종류에 필요한 건물형식으로 생겨난다. 우리가 살아가야 한다고 생각하는 방식에 따라 건물을 짓고, 예배의 양식에 맞추어 교회를 지으며, 또 기타 등등에 맞춰 주택을 건설한다. 간단히 말해서 건축은 우리 삶의 각각의 양상-사회적, 경제적, 정신적인-을 반영한다. 고고학자들과 인류학자들은 노출된 건축적인 파편과 그것에서 발견된 가공품들을 기초로 하며 문명을 상세하게 묘사할 수 있다. 교회의 유적지를 보면 고대의 종교가 인간의 희생을 강요하였는지 아닌지, 범신

론이었는지, 일신교였는지, 또는 그 밖의 다른 것이었는지, 그리고 어떤 의식을 수반하였는지를 알 수 있다. 정부는 어떤 형태였는지, 가족의 삶은 어떠하였는지, 그리고 경제는 농업이었는지, 유목이었는지, 상업이었는지, 아니면 대부분 해적행위와 전쟁에 의존하였는지를 알 수 있다. 예술과 과학을 통해 카스트 시스템뿐만 아니라 미신과 편견도 추론해 낼 수 있다.

이 모든 것은 터무니없는 요구처럼 보여 지지만, 여러분이 신전에서 창고까지 우리가 건축하는 모든 것을 생각해 볼 때, 그 건물이 하고자 하는 것이 무엇이냐에 따라 건축이 사회패턴을 설명하는 것이라는 것이 명백해진다. 건축가는 어떤 점에서 사회적인 역사가이며 작자, 예술가, 학자이다. 이들은 사회에 관해 말하는데, 그것은 진실이다. 그러나 그들이 말하는 것은 그들 자신의 생활과 생각에 의해 대체로 걸러진다. 편파적이거나 어떠한 점에서는 심지어 무시할 수도 있다. 이러한 상황을 구어체를 사용해서 말하자면. '건축가는 있는 그대로 말한다.' 건축은 숨기거나 허위진술을 할 수 없다. 왜냐하면 잘되거나 못되거나에 상관없이 건물은 현실적인 필요에 적합하게 지어진다.

건축은 거짓말을 할 수가 없다. 심지어 목적이 의심스러울 때조차도 바로 그 건축은 진실의 표현이다. 예를 들어 1920년대 벼락부자들 사이의 일시적으로 유행하던 것은 가짜 튜더왕조 또는 가짜 엘리자베스 스타일의 대 저택을 짓는 것이었다. 왜냐하면 그 거주자들은 실제 튜더나 엘리자베스가 사람들이 아니므로, 사람들은 건축이 정직하지 못하다고 말 할지도 모르겠다. 그러나 아무리 사실이 아닐지라도 건축은 정확한 사실을 말한다.: 최근 많은 유복한 사람들은 자신들이 귀족혈통의 배경이 부족함에 노심초사 해왔고, 그들의 부를 지키면서 귀족의 뿌리가 깊다는 것을 적어도 건물의 외관에 표현하려고 필사적으로 노력하였다. 이것이 그 시대를 묘사하는 주요한 방법이다.[1)]

비록 현시대가 로마와 그리스로부터 너무 먼 20세기 일지라도 최근까지 신고전주의적인 외관으로 모든 정부의 건물, 연방, 국가, 도시가 지어졌다는 사실은 거짓이 아니다. 고전적인 의미로 정부를 생각한 것은 사실이었다.(조지 워싱턴의 흉상을 보면 안다.) 신고전주의가 연방 건물에 적당한 표현이었다고 느끼는 것은 그 시대에는 너무도 확고한 사실이었다. 건축가는 예부터 내려오는 모순[2)]들을 포함하여 그가 활동하는 시대를 진실하고 정확하게 설명해야 한다. 다시 말해서, Washington, D. C.에서 볼 수 있는 1마일의 열주 외관은 그 시대의 Westchester 과 Long Island 의 튜더와 엘리자베스의 저택처럼 그 시대를 진실 되게 표현하는 것이다. 물론 두 가지 모두 망상이지만, 그들은 실제 사람들에 의한 받아들여진 실질적 망상이고 그들의 표현은 완전히 살아있다. 건축가는 사랑스럽고, 품위 있고, 매력적이고, 능률적인 건물의 디자이너이기보다는 무엇인가 다른 사람으로 여겨져야 한다. 그의 더 큰 역할은 그 시대의 역사와 동시대 사람의 환경을 정확히 이해하고, 정의하고, 묘사하는 것이다. 따라서 건축가의 책임은 크다. 비록 작가나 역사가, 학자(앞에 서술한 사람들의 제한과는 별도로)들의 작품은 도서관이나 박물관에 일부러 가는 사람만이 볼 수 있지만 건축가의 작품은 힘 안들이고 어디서나 볼 수 있다. 건축물은 우리 주위에 항상 존재한다. 우리가 우리시대를 이해하는 것, 아마도 우리 자신을 먼저 이해하는 것은 우리가 일생동안 살아가야 될 환경인 건축에 아주 많이 의지하게 되는 것이다. 건축가가 종이에 연필을

1) 이와 관련하여 30년대의 대공황 이후 투더 왕조와 엘리자베스 형식의 주택이 사라지고 새롭고 건전한 현실을 반영하는 정중하고 비싸지 않은 주택으로 발전했다는 것은 눈여겨볼 만하다.

2) 공공 건축물에 관해 쓴 7장을 참조하라.

댈 때, 그는 건물 디자인 하는 것 이상을 하는 것이다. 그는 사회 속에 자신과 미래를 묘사한다.

이러한 측면에서 볼 때, 건축가의 역할은 두려운 것이지만 말만큼 버거운 것은 아니다. 결국 건축가는 동시대인들이 하는 것처럼 생각하고 느끼는 그 시대의 사람이다. 그러므로 그는 디자인의 근원을 멀리서 찾지 않는다. 단지 자기 자신 안에서 찾고, 계획을 세우고, 스케치하며, 자기의 생각에 따라 건물을 짓는다. 대개 자신의 생각과 선입견, 그가 선호하는 것들은 자신이 살아가는 사회와 일반적으로 같다[3]. 자신을 표현하는 것이 그 시대를 표현하는 것이다. 어떻게 이러한 것을 성취해야 하는지는 다음 장에서 다룰 것이다.

동전에는 양면이 있다. 사실 건축가는 인류의 소망에 맞춰 인류가 살아가는 환경을 디자인한다. 그러나 그런 일을 하면서 그는 더 많은 역할이 있는 자신을 발견하게 된다. 그가 만드는 환경은 인류의 삶의 요소가 되는데, 능률면과, 질적인 면에서, 건강과 웰빙, 육체적인 것뿐만 아니라 정신적인 것에도 효과는 그러하다. 건축가의 작품을 이러한 시각에서 보면 건축가는 더 이상 그가 살아가는 사회를 단순히 묘사하는 사람이 아니다. 그는 사회에 힘을 미치는 잠재적인 힘이며 사회형태나 성격에도 큰 영향을 끼친다. 예를 들어 건축가가 교도소를 디자인 하는 임무를 받았다고 하자. 종이에 연필을 대기 전에 교도소는 어떠해야 할지에 관한 생각을 결정해야 한다. 범죄자와 나쁜 사람들을 벌해야 하는 장소여야 하는가? 또는 사회에 부적합한 사람들을 나쁜 짓 하는 것으로부터 지켜줘야 하는 곳으로 만들어야 하는가? 또는 사회적으로 병든 사람들을 보살피고 치료 가능한 장소로 만들어야 하는가? 물론 각 결정하는 방법에 따라 완전히 다른 형식의 디자인을 요구한다.

---

3) 항상 예외는 있다 : 이단자, 천재, 그리고 별난 건축가들

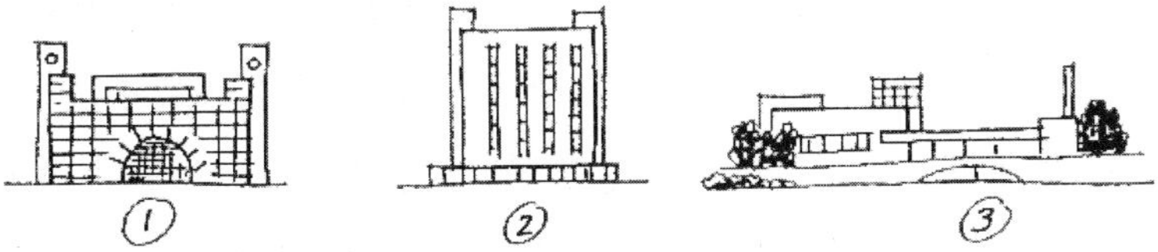

첫 번째는 험상스러운 토굴감옥, 두 번째는 안전한 창고, 이에 반해 세 번째는 요양원과 같은 성격을 가진 결과물일 것이다.

건축가의 결정은 오랜 기간 교도소장, 간수뿐만 아니라 수만 명의 죄수들의 삶이 더 좋아지거나 더 나빠질 수도 있는 영향을 줄 것이다. 어쨌든 환경은 양쪽에 동일하게 적용된다. 그리고 그들은 효과 없는 삶에 시간을 소비하지 않을 것이다. 수감자만큼이나 행실이 야만스러운 간수 밑에서 일어난 교도소 폭동은 단순한 사고가 아닌 것이다.

아마도 야만스런 과정이 주된 요소인 교도소를 설계한 건축가가 어디에선가 편하게 하이볼 한잔하고 있다는 것은 쉽게 이해하기 어렵다. 요약하면 건축가는 사회와 시대를 묘사하는 사람이고 역사가이다. 동시에 그는 사회에 형식과 특성, 질을 형성하는 실질적이고 비판적인 힘을 갖는다. 그것은 버거운 책임이고, 심지어 건축가 자신조차도 이해하기 힘들다. 아직 건축가는 그것을 깨닫던 못 깨닫던 (잘 알려진 말로 바꿔 말하면) 연필은 칼보다 강하다. 칼은 단지 파괴할 수 있지만, 도시 전체의 건물은 펜으로부터 시작된다. 그럼에도 불구하고 결국 건축가는 예술가이며, 그의 중요한 관심사는 모양, 조화, 색상, 장식에 관한 아름다움이다. 그 시대의 사회와 경제적 요구들의 관심사를 이러한 것들과 조화시키는 것은 예술인 것이다.

고대에 건축이 예술의 어머니라고 했던 것은 거짓이 아니다. 건축가의 다른 의무가 무엇이던지 간에 그는 아름다움에 헌신한다. 이것이 건축가와 건축업자와 구별하는 것이며, 건축가는 작업에 몰두하고 열정을 갖게 하도록 하며 보상 받을 수 있어야 한다. 이렇게 해야 건축가는 오랜 옛날 그의 동굴 디자인부터 마지막 펜트하우스 스튜디오까지 자신의 임무를 다른 사람에게 맡기지 않을 것이다.

2장 건축가와 도시

The Architect and the City

인간이 야생마를 타고 소떼를 몰던 유목 생활을 할 때는
건축에 대한 필요성이 없었다. 그러나 '여기가 머물기 좋은 장소다'라는 곳을 발견하는
순간 인간은 건축가가 되었다.

사회에서 건축의 기능을 이해하기 위해서는 먼 과거로 돌아가서 커뮤니티의 기원을 연구해 볼 필요가 있다. 건축이 필요하다고 처음으로 느껴졌던 것은 커뮤니티의 출현과 함께하기 때문이다. 커뮤니티는 특별한 목적을 위해 건축물을 필요로 한다. 목적들은 분석되고 제공되며 그것이 건축물이 기본적으로 무엇을 하기 위한 것인지 하는 이유이다. 약 5000년 전을 상상해보자, 현재 동유럽이라 불리는 빙하지역에는 DRK(IRKSK 부족)라 불리는 남자가 살고 있었다. DRK는 가축의 무리를 소유했다(만약 가축을 가졌다면). 말을 타고 그는 URALS(우랄강)을 건너 GLK로 알려진 지역에서 늑대 가죽을 운반하였다. 그곳에서 매우 질이 좋은 말린 오리를 거래하고 돌아온다. 여행경로는 다음과 같다.

같은 시각에 지금 이란이라 불리는 지역에서는 예를 들어 FSL이라는 사람이 있었는데, 그 사람은 낙타를 타고 올리브오일이 담긴 큰 통을 ULG라는 먼 북쪽으로 운반하였다. 그곳에서 오일을 물개 가죽과 교환 하였다. 그것은 HNF(FSL부족) 여성들이 더운 기후에 물개 가죽이 적합하다는 것을 알아냈음이 드러난다. FSL의 행로는 다음 그림과 같았다. 흑해 근처 어떤 지점에서 그 두 행로는 우연히 교차하였다. 그리고 마차는 서로 불가피하게 만났다. 첫 만남은 아마 폭력적이었을 것이다.

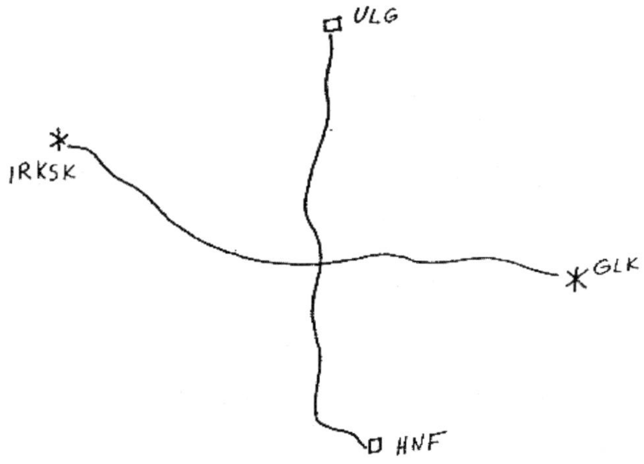

왜냐하면 고대철학에 "먼저 죽이고. 후에 말하라"의 얘기를 두 지도자는 믿고 있었기 때문이다. 하지만 시간이 지나면서 그들의 후손은 순해지고 평화적이어서 싸움보다는 상용 문자를 사용하며 다른 이의 짐수레에 관한 호기심을 표현하였을 것이다. 처음으로 올리브 오일의 맛을 보고 그 IRKSK 종족은 올리브 오일이 자신의 고향에서 장사가 될 것이라고 생각하고 흥미를 갖게 되었다. 반면 HNF사람들은 늑대 가죽 혹은 말린 오리에 관해 같은 생각을 가졌다. 어쨌든 싸움 대신에 그들은 교역을 했다. 게다가 7년 후에 그들은 서로가 팔기 위한 것이 아니고 순전히 교환하기 위한 짐을 갖고 그 어느 산 정상에서 하늘에 특정별이 나타났을 때 다시 만나기를 약속했다. 순수한 물물교환이 이루어졌다. 이것은 기념적이고 역사적 사건이었다. 수세기후에 주식과 상품을 파는 시장 그리고 수많은 경제박사를 만드는 계기가 되었다.

달력은 변변한 것이 없었고 도로에는 많은 위험요소가 있어서 어느 부족도 제시간에 도착하지 못하였다. 많은 비용과 위험 속에서 수개월간 여행을 한 사람이 다른 사람을 기다려야만 했다. 이것은 DRK(아니 그의 몇 대손)에게 번뜩이는 아이디어를 주었다. 이러한 문제를 항상 안고 있는 사위라면 물건들을 교환하고 보관할 수 있는 보관소를 지으면 어떻겠는가? 라고 생각하게 되었다. 그 제안은 모든 이로부터 열성적인 환영을 받게 되었다. 그의 부인만 제외하고.

싫어한 유일한 사람은 그 소식을 들은 IRKSK에 있는 그의 부인이었다. 그 부인은 그동안 익숙해져 있던 사회생활과는 달리 더 재미있는 사회와는 동떨어져 살아왔고, 여행하는 도중에 재미있는 일들이 있다는 것을 알지 못했다. 그러나 좋던 싫던 그 이주는 행해졌다. 젊은 가족은 HNF 혹은 고향의 IRKSK로부터 오는 마차의 도착을 기다리기 위해 먼지 나는 행로의 교차점에 정착해서 참을성 있게 몇 년씩 기다렸다. 그 후 영리한 상인들은 아주 먼 지역에서도 전령사를 보내기 시작했다. 결국 그 교차로는 무역센터로 성장 할 수 있었다. 얼마 가지 않아 비정하게 그 곳에 내보낸 장인보다도 사위는 부유한 대부호가 되었다. 왜냐하면 그는 판매자, 구매자, 기술공 그리고 짐꾼에게서 모두 돈을 받았기 때문이다. 그리고 그 곳을 방문하는 자들에게는 집, 가축, 놀이거리가 있어야했기 때문에 저장소뿐만 아니라 여관, 은행, 카지노, 감옥 등 그 사회가 요구하는 모든 것들을 소유하였다. 또한 구두수선공, 칼 제작자, 성직자, 점쟁이 그리고 얼마안가 도살자, 제빵사, 촛대 만드는 이 등 서비스 부문들이 나타났다.

어떻게 다양한 건물 타입이 쉽게 발전 되었는지 이해하기 쉽다. 각 건물의 기능들은 공간의 구조와 조직에 관한 다른 요구를 가지고 있었기 때문에, 우선 관련 직업을 가진 이들은 그들의 요구를 정확히 알고 있고 그 시대의 단순한 건축 기술을 요구사항에 맞게 일반적으로 만들어 갈 수가 있었으며, 그들은 설계자-건축시공자-건축가의 역할을 동시에 했다. 그러나 그 교차로와 같이 번잡해진 동네에서는 자재 문제와 새로운 형식의 전문가를 요구했다. 고객의 요구를 듣는 건설업자는 고객보다 아는 것이 많아 그들 방식대로 건축해 나갔다. 그들 방식이란 지역과 기후와 일꾼들의 기술에 가장 적합한(그의 경험상) 방법이었다. 여기서 우리는 후세에 지역주의형식이라 불리는 것의 기원을 볼 수 있다. (때로는 "민족의"로 간주되는 이것은 종종 모방의 모방을 포함하여 사람, 장소들이 어떤 시간의 민족성이 나타내는 것이 아닐 수도 있지만) 항상 일어나지 않았고, 그리고 지금도 항상 일어나지 않지만 결국 더 멋있고, 더 우아한 것을 어떤 건축가가 계획했다는 것을 알아냈다. 더 멋있고, 더 우아하고, 튼튼한 건물을 세우고 다른 이보다 더 좋은 계획을 세우는 건설업자 역할도 하였음을 알아냈다. 이러한 재능이 있는 이는 후에 다른 사람의 건물을 건축하고 디자인에 모든 힘을 쏟았다. 이렇게 건축가가 생겨났으며 불행히도 아직도 건축가는 그러하다. 역사적으로 볼 때 최소한 20세기의 건축가는 그 전과는 다른 경로 즉 도제 신분과 정규 교육(8장에서 보듯)을 통해 무대에 등장한다. 그러나 중심적이고 가장 중요한 요소는 예전에도 그랬지만 지금도 복잡한 건축의 문제로 불리는 것으로 전문가의 필요성을 느끼게 하는 다양한 사람들의 요구를 처리하는 것이다. 그 다양한 사람들의 요구 처리는 도시의 성장과 분리할 수 없는 부분이다. 이러한 이유로 커뮤니티의 가장 전형적인 성장패턴을 간략한 방법으로 설명하면 어떻게 건축이 다양한 형태로 진화하였는지 이해하기 쉽다.

Cross-Gorod로 시작해 보자. 두 개의 도로가 가로질러 만나면서 그 곳은 공공장소가 되었다. 그 곳은 처음에는 우선 마차가 도착하면 환영받는 지역에서 후에는 DRK의 사위가 지배하는 도시가 되면서 Cross-Gorod라 불리게 된다. 시장이 생기어 장이 서고 다른 공적인 행위가 이루어졌다. 어떤 경우에는 비록 항상은 아니지만 시장 중앙에는 우물이 있다. 이러한 우물들이 여행자가 최우선으로 오게 하는 샘의 존재 같은 것일지도 모른다. 대광장, 녹지광장이라 부르는 것 주위에 건축물이 나타난다.

우선 자연스럽게 그 마을이 존재하는 가장 우선시 되는 이유는 창고이다. 이후 이 창고가 복잡해지고 다시 나눠지게 되어 일부는 쇼핑시설이 되었고, 다른 부분은 은행이 되고, 금융관계 건물이 되었다. 그 다음은 우두머리의 저택이다. 그가 부를 얻고 귀족인척 행동하게 됨에 따라 결국 주택은 궁전화가 되고 자본가가 된다. 이러한 과정이 가능하도록 한 것은 군대의 힘이었다. 따라서 군대본부가 편리한 곳에 위치하여 쉽게 효율적으로 폭동을 진압하고 사열행사 때 광장으로 쉽게 행진 할 준비를 한다. 그 후 얼마안가 하늘로부터의 동의가 필요하다고 느낄 때 교회나 성당이 나타난다. 수세기 후인 오늘날 여러분은 Cross- Gorod 중심에 서있거나 이와 유사한 수많은 지역에 살고 있다. 이 건축물들은 거의 현대적인 양식이 없는 건물의 전형임을 알 수 있다. 그들은 새로운 장식으로 치장되고 새로운 이름을 갖지만 그 건축물들은 본질적으로는 변하지 않는다.

그들은 도시의 중심에 위치해 있고 도시가 존재하는 핵심이다. 세월이 흘러 많은 다양한 양식을 다루는 다른 많은 건축가들은 이러한 건축을 디자인 하는 일을 해 왔다. 그러나 예외 없이 모든 건축물은 건물이 수행해야 하는 기본적 기능의 이해를 통해 건축되도록 유도되어왔다. 앞서 지적했듯이 그렇게 함으로써 건물들은 그 시대의 완벽한 역사를 써왔을 뿐 아니라 상당히 효율적이고 감탄할만한 환경을 후세에 제공해왔다. 이 중심에 새로운 정착민이 생기고, 새로운 도시 정착민이 오는데, 어떤 이는 야망을 가지고 어떤 이는 자신의 특별한 목적을 갖고 오는데 이러한 이유는 어느 정도 이미 그곳에 초기부터 있던 기능과 관계가 있다. 예를 들어 재봉사는 궁전 또는 그가 할 수 있는 한 무기고에 가까이 그의 가게를 두려 할 것이다. 왜냐하면 궁에서 일하는 사무원들은 소문난 멋쟁이이기 때문이다. 그는 아마 공작을 위해 신사복을 만들어 왔을 것이다. 여관 주인 또한 가능한 가까이 위치하려 할 것이다. 왜냐하면 많은 고객들이 (혹은 손님, 만약 당신이 선호하는) 광장 주변에서 상인이나 정치가와 사업을 하기 때문이다.

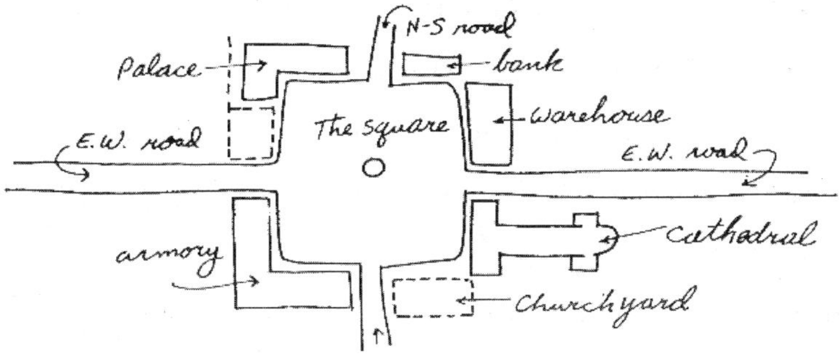

얼마안가 그 광장 전 지역은 상점과 무역상, 주거시설들로 복잡하게 되고 돈이 되는 지역에 가능한 가까운 장소를 얻기 위해 사람들은 몰리게 된다. 땅의 가치도 따라 오른다. 레몬 파는 사람조차도 이용할 공간이 없을 때까지 그리고 공간이 있지만 어느 누구도 감히 사용 할 수 없을 정도로 값이 오른다. 구도심은 완성되고 우글우글 대며 냄새나고, 다채롭게 빛나고, 완전히 혼돈스럽게 된다. 그러면 새로 들어선 식료품점은 어디로 갈까? 대게는 동·서·남·북 주요 근접한 도로를 따라 밖으로 나간다.

더 이상의 공간이 없는 그 중심가를 비집고 들어가려고 노력하는 대신에 서쪽으로부터 그 길을 따라 식료품을 필요로 하는 주부들의 충분한 수요가 있어 자신의 가게를 보증해 줄 것이라 판단하고 그 곳을 가게 터로 결정할 것이다. 그래서 그곳에 식료품점을 연다. 손님이 오고, 또한 구두수선공이 오고, 도공이 오고, 와인판매원이 온다. 그래서 새로운 이웃이 생긴다.

'근린주구'를 대충 규정해 보면 주부가 쇼핑 갈 때 기꺼이 걸을 수 있는 정도 크기이다. 대부분의 20세기 미국 도시에서 여성은 4블록 이상 걷기를 싫어한다. 만약 여러분이 도시에서 근린주구인지 시험해

보고 싶다면 여러분은 4~5블록마다 과일 가게나 정육점, 미장원, 극장, 은행, 바 등이 반복된다는 것을 발견하게 된다. 시골이나 농촌의 주부들은 차를 타고 쇼핑을 한다. 쇼핑센터는 아마 10마일 정도이고 그 정도가 적당하다. 근린주구는 이러한 조건하에서 그 지역을 어림잡는 것으로부터 시작한다.

Cross-Gorod에서 있는 흑해 근처의 가상의 도시에서 여성들은 도보를 이동했거나 당나귀로 가능했다. 그들이 부유했다면 근린주구는 상대적으로 작았다. 근린주구들은 곧 겹치기 시작했다. 근린주구에 의해 둘러싸인 구도심의 형태를 그리면 다음 그림과 같다. 왜냐하면 현실 속에는 개울이나 언덕과 같이 계획에 영향을 주는 물질적 장애요소가 있을 수 있기 때문이다.

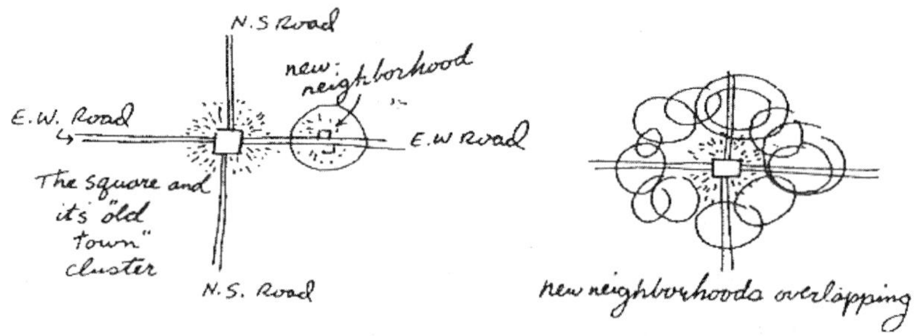

그러나 도식적으로 이러한 구조는 근거가 있다. 이 근린주구의 변화 과정 다음 단계는 현재 지배적인 가족의 현재 후손이 함께 마을을 떠나고자 결정 했을 때 발생한다. 그는 (Hillcrest라 불리는 그의 저택, 지상보다 조금 높은 지역에) 넓은 부지에 저택 또는 그것과 유사한 것을 짓는다. (오늘날 Mansion은 사학이 되고, 그 지역은 특색 있는 농장, 수개의 층으로 계획된 집, 골프 클럽 그리고 쇼핑센터가 된다.) 이러한 모든 삶의 패턴 변화에 대해서 그 시대의 건축가는 그들의 생각을 수정하고 새로운 기능에 적합한 디자인을 추구하게 된다. 때때로 그들은 필사적으로 과거에서 해결책을 찾는다. 예를 들어 첫 저택 “Hillcrest”는 잉글랜드와 대륙에서 모두 신고전주의였고, 그리스와 로마 사원의 패턴이었다.

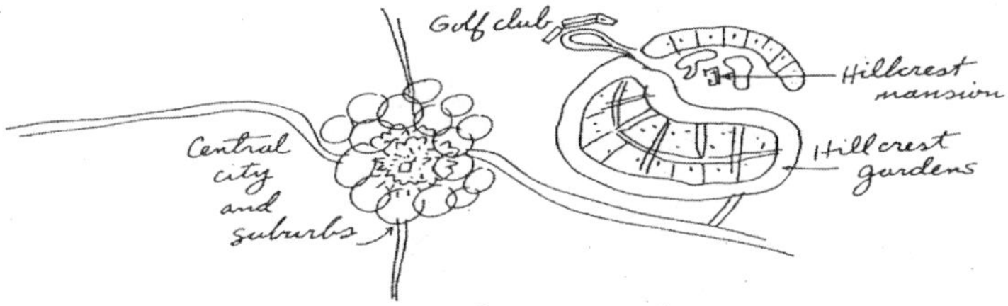

완전히 다른 타입의 커뮤니티는 미국의 광활한 지역에서 발전된다. 미국에서는 작은 도로의 교차 대신에 큰 길이 표면상으로 대륙을 횡단하여 먼 지평선을 향해 직선으로 뻗어 있다. 때때로 먼지 낀 그 도로는 50~100마일 이상 떨어져 있는 대농장에서 연결되기도 하고, 그 대농장에서 소, 밀, 또는 큰 시장에 가져가야하는 것들은 키웠다. 기차와 만나는 도로는 승강장이나 역이 된다. 물론 소를 기르는 우리나 곡류를 쌓아 놓은 저장소가 되기도 한다.

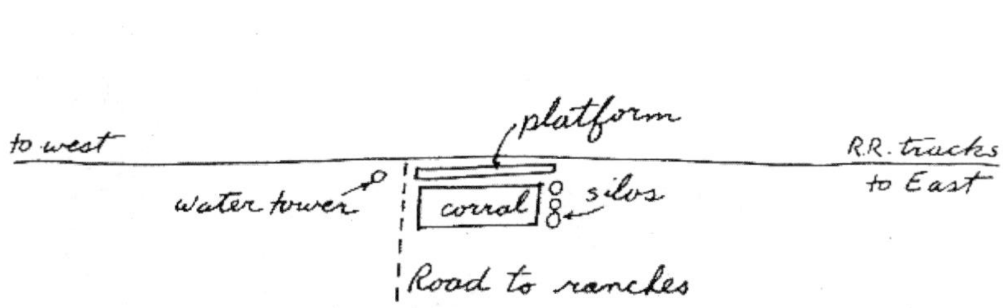

자연스럽게 목장주, 카우보이, 농부는 돈을 벌었다. 그래서 그가 물건을 구매 했던 곳에 은행이 생긴다. 목장주나 다른 사람들이 집에 필요한 물건을 살 수 있는 잡화가게가 생겨난다. 또한 마르고 지친 목을 적셔주고 서부영화를 좋아하는 사람들에게 익숙한 시설로 완비된 장소인 호텔이 있는 서부시대의 마을을 우리는 잘 알고 있다. 교도소와 보안관을 잊고 있었다. 여러 건축물들이 그 길의 양쪽 갈래보다 한쪽 편으로 사실을 주목해라.

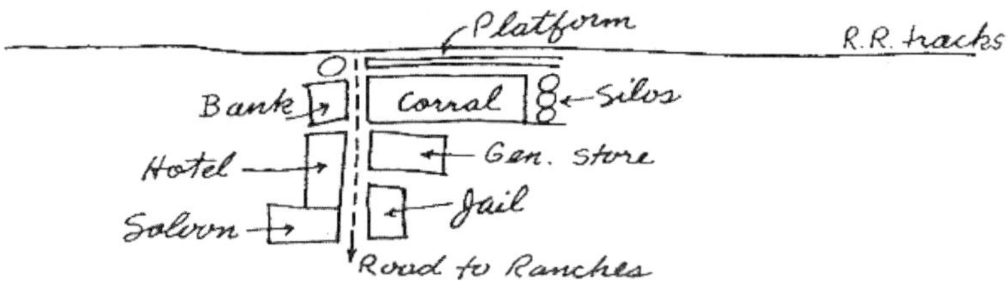

이런 점에서 건물의 타입들은 단순하다. 그리고 건축가를 고용하는 경우는 거의 없었다. 대부분의 건물은 그 지역을 여행하는 목수에 의해 만들어지고 그 목수들이 전에 가 보았던 역, 은행, 가게, 호텔, 바, 단지가 이 지역에서 다시 반복된다. 이제는 더 이상 민족성이 드러난 건물이 될 수 없다. 결국, 그 마을은 선생님, 설교자, 의사, 변호사, 여자재봉사 등 보조적인 서비스를 하는 사람들도 가득 찼다.

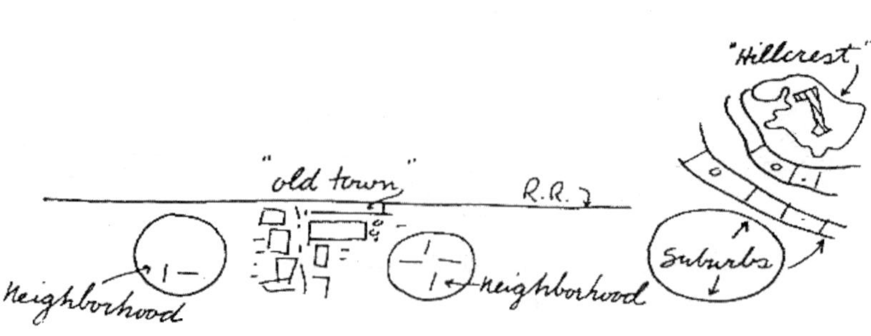

그러나 하나의 사건이 전체의 그림을 변화시킨다. 20세기로 바뀌면서 더 싸고 좋은 공간을 찾아 산업은 철도 길을 따라 마을의 중심으로부터 멀리 떨어진 곳에 공장을 짓는다. 같은 시대에 싼 노동 임금을 받는 수천의 노동자들이 폴란드와 헝가리에서 이주해 온다. 일반적으로는 동유럽으로부터 오는 그들은 통행권의 지불 받는 정도의 임금으로 일할 수 있는 계약을 했기 때문에 이들 이주자들의 집을 짓기 위해서 그 회사들은 가장 기본적인 형태의 시골집을 공장 뒤에 짓는다.(오랫동안 "회사 주택(company house)"이라 불린다) 회사가 소유하는 가게들이 들어서고 그 노동자들은 영원히 빚에서 헤어 나오지 못하게 되면서 그들은 일을 떠날 수 없게 된다.

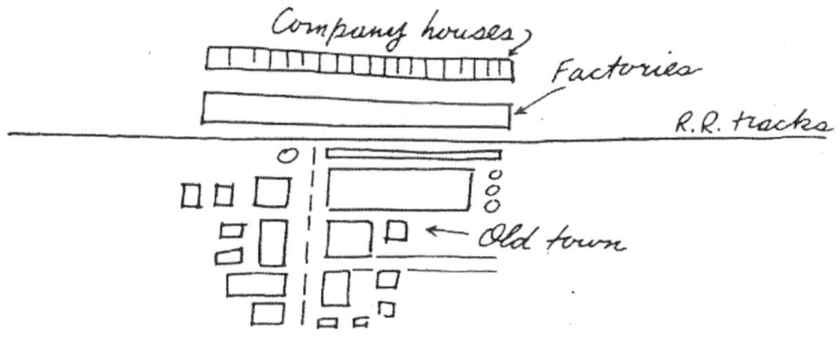

이러한 사실 때문에 새로운 '헝가리 출신 이주 노동자(Hunkies)'와 '폴란드 출신 이주 노동자(Polacks)' 들이 원주민들로부터 원망을 사게 된다. 새로운 이주자들은 첫 눈에 보아도 외국인처럼 보이며, 알아듣지 못하는 말을 쓰며 적은 돈을 받고 일한다. 원주민은 가능한 한 그들과 함께 하려 하지 않는다. 이주 노동자들은 새로운 천민들이고 또 다른 새로운 구역 즉 '여러 가지 불안한 지역'으로 그 천민이 들어

간다. 이러한 이유로 사회 비적응자로 이주노동자들을 내몰게 된다.

중세에 'Hunkies' 의 자손들과 'Polacks'의 자손들은 많은 부문에서 자신들의 기술과 산업관리 계급으로 훌륭한 'Hillcrest'를 지으며 일했다. 모든 것을 잘 이해하지 못하고 있다면 원하는 것을 정확히 이해하는 건축가를 신뢰하라. 건축가는 항상 사회가 원하는 것을 정확히 이해해 왔다. 그 건축은 분명 순수한 예술이며 그것은 그 건축가가 다락방의 고독 속에서 생각해내고 연습한 결과인 것이다.

건축가는 만약 건물을 짓는 일에 종사한다면 그의 시대는 그의 문화, 특별한 그룹의 일부분 이어야 하며 그는 병원, 학교, 교회, 주거, 공장, 아파트, 고층빌딩의 일꾼을 제공한다. 만약 그가 자신의 의견을 정확히 이해하고 공유한다면 아주 유망한 건축계 인사로 일을 많이 하며 성공할 것이다. 만약 그가 이단적인 건축을 선택한다면 그는 천재로 추앙받거나 별난 사람으로 취급받을 것이다. 어떤 아방가르드들은 성과를 이룬다. Frank Lloyd Wright 와 Le Corbusier처럼. 여러분들도 되지 말란 법은 없다.

3장 건축과 집

The Architect and the Home

집은 자신들의 수호신, 소중히 여기는 비품, 사랑하는 사람 그리고 소중한 기억과 함께 생활하는 곳이다. 또한 이곳은 사람들이 세상에 자신들을 드러내는 얼굴이다. 새 건물이며 아직 사람이 살지 않는 곳을 '집'으로 선전하는 것은 인간의 정신적 가치를 부정하는 것이다.

1

집(Home)처럼 감정을 불러일으킬만한 개념은 얼마 되지 않는다. 어머니, 깃발, 어린이들, 신, 영광 등 이 순서대로는 아니고 개개인의 유년기의 교육에 따라 정해지겠지만 집은 이 목록 중에서도 아마 상위에 놓일 것이다. 오늘날처럼 사람들의 이동이 많은 사회에서는 돈을 벌기 위해 이 지역에서 다른 지역으로 이동을 하기 때문에 그들은 가정을 "Home, sweet home", "Home is where the heart is" "Show me the way to go home" 등과같이 감성적인 노랫말처럼 여기고 있다. 그러나 현실적으로 집은 지어지고 팔기 위해 대체 가능한 상품들로 채워진다. 이와 같이 여러분들 혹은 가족들의 수입이 늘어나면서 방이 세 개인 집에서 네 개인 집으로 이사를 가게 되고, 헌차를 새차로 쉽게 바꾸는 것처럼 거의 향수를 느끼지 못할 것이다. 현대인의 관점에서 본다면 집은 삶의 방식이나 가족관계, 수입정도, 포부, 동료에 대한 시각적인 증거물인 셈이다. 이 말들은 작은 구조물들에 복잡한 질서가 있는 것처럼 들릴지 모르나 조금만 생각해 보고 몇 가지 예를 보면 명확해진다.

역사 속으로 되돌아가 바다를 건너 지중해 나라들을 가보면 어떤 경우에는 수세기전 모습이 현재도 여전히 존재한다. 거기서 일반적으로 느꼈던 것은 집밖의 세상은 더럽고 병들이 만연하고 위험하다는 것이다. 사람들은 불필요하게 밖에 나가지 않고, 나갈 때 사람들은 커튼을 치고 호위병을 대동하고 가마를 타고 나갔었다. 가치 있는 모든 것들 즉 평화나 아름다움, 사랑 같은 것들은 집이나 가족들의 마음속에서나 찾을 수 있었다. 이런 추론 결과는 주택의 전형적인 디자인에 반영이 되었고 현재 카스바[1](CASBAH)에서 많이 보인다. 막힌 벽면이 거리에 면해 있는데 완전히 막힌 벽은 아니었다. 왜냐하면 그들의 출입 할 수 있는 개구부가 있어야 했기 때문이다. 문은 작았지만 쇠창살이 있고 열린 빗장과 안에서 밖을 볼 수 있는 작은 구멍이 있었다. 창문은 거의 없지만 있는 경우에는 강도, 암살, 또는 이와 유사한 이들이 닿을 수 없도록 높은 곳에 위치해 있었다. 집 전체는 중정쪽 내부로 향해 있는데 그 중정은 정원과 갤러리로 둘러 싸여 있다. 중정은 시각적으로나 기능적으로 가족들의 활동성에 초점이 된다. "안으로, 안으로"란 개념이다. 보편적으로 이러한 표현이 그 당시 철학으로 통용되었는데 명상과 관조에 강한 강조를 하고 있다. 음악, 시, 춤, 장식 같은 예술에도 동일하게 존재하는데, 이 모든 분야는 서구와 북부 유럽의 크고 웅장한 것보다 작고 복잡하고 친숙한 모티브들을 강조하는 경향이 있다.

---

1)역주: 북아프리카 도시의 원주민이 사는 구역

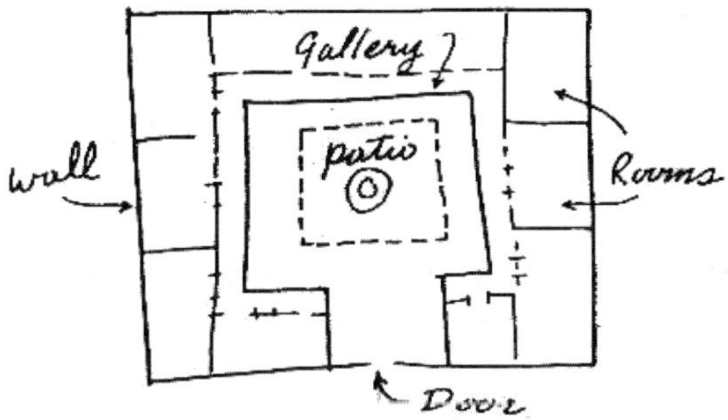

이러한 배경 속에서 자란 소년, 소녀들은 그 당시의 미적 감각을 쉽게 받아들이지 않을 수 없을 뿐만 아니라 그의 도덕성, 인생관 즉 공적인 것 사적인 것 그리고 가족과 개인적인 상호 관계까지도 받아들인다. 상대적으로 엄격하고 오래 지속되어온 지중해문화의 형식과 강한 여성 억압 등등이 이러한 건축 사용자들에게 영향을 끼친 융통성이 없는 건축적의 일부 요인 때문일지도 모른다는 것을 암시하는 것만은 아니다.

명백하게 대조적으로 프랑스, 잉글랜드, 서부유럽의 큰 저택이나 궁전 맨션을 생각해보자. 이러한 주택형식이 일반적이지는 않았다. 왜냐하면 전형적으로 귀족이나 매우 부유한 이들이 이런 방식으로 살았기 때문이다. 하지만 이것은 수많은 빈민들의 이상적인 상징이었으며 어느 정도 모든 사람들의 개념으로 형성되었다.

이러한 대저택은 지중해연안의 집들과는 정반대로 그들은 안쪽으로 전혀 향하고 있지 않다. 반대로 대저택은 대단히 큰 정원과 공원을 면해 있고 방문객들이 접근하게 되는 웅장한 정면에 오랫동안 인상을 강하게 주도록 마차 길에 의해 접근된다. 지중해식 중정주택과는 다르게 이 주택구조는 "밖에 머무시오." "호기심에 찬 눈과 병든 손은 나가라."고 이야기하지 않고 있다. 대신에 맨션은 "내가 얼마나 화려한지 보아라. 감탄하고 모자를 벗고 경의를 표해라."라고 뽐내고 있다. 응접실, 연회실, 갤러리들의 실내장식은 사용하기 보다는 보여주기 위한 태도를 보여주고 있으며, 심지어 침실은 잠자는 평범한 디자인이 아닌 역사적인 장면으로 장식되어 있는 것처럼 보인다.2)

미국의 첫 정착세대들은 그들의 북부지방의 친척들처럼 웅장하지도 지중해 연안의 사람들처럼 내부 지향적이지도 않았다. 그것들은 사각형이 대부분이었고 그들의 빡빡한 일과 잘 맞았으며 집은 사각형으로 튼튼하게 지었는데, 헛간처럼 완전히 기능적이고 외관도 또한 그러하였다. 이런 디자인은 사각형 형태로 발전되었고 대게는 2층 높이도 중앙에 복도와 계단을 두는 디자인이 되었다. 실들은 열의 보존을 위해 낮은 천장3)이었고 1층 안의 작은 사각형 형태들은 응접실, 거실 , 주방으로 분할하였고 위층으로는 침실을 두었다.

---

2) 건축과 동등하게 이 지역에서 문학은 지중해적인 명상을 다루지 않고 영웅의 공적을 다루었으며 반면에 음악은 바그너의 음악으로 최고의 절정에 달하였다. 이러한 사람들에게 섬세한 장식은 의미가 없었으며 온통 과장된 영광만이 있었다.

3) 20세기 후반부에는 공사비를 줄이기 위해 천정의 높이를 낮게 하고 있다.

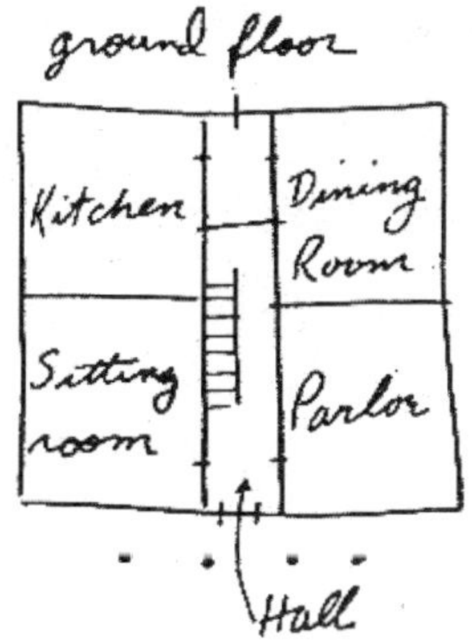

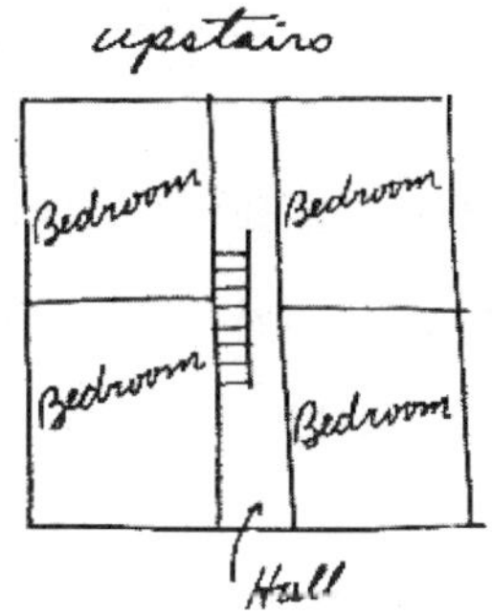

처음엔 욕실을 부엌 안에 두었고 화장실은 밖에 있었다. 훗날 안락함이란 개념이 생기면서 내부화장실과 욕실이 출현하게 된다. 이 사람들은 도덕적으로 엄격했음을 주목하라. 아직도 이들의 태도를 설명할 때 청교도적이란 단어를 사용한다. 모든 종류의 죄들은 엄격히 다루어지고 있었다. 심지어 가족 간의 지나친 친밀함도 죄로 생각되었다. 어느 누구도 잠옷차림으로 보이면 안 되었다. 모두는 각자의 방에서 잠을 잤고 결혼한 부부나 형제처럼 필연적으로 같이 쓸 때는 실내가운을 입더라도 눈을 돌려야했다.

이런 상자 안에 있는 상자 같은 집은 200년이 지난 오늘날에도 기본 모델로 아직도 지어지고 있다. 성공적으로 해석되는 식민주의풍(Colonial), 조지아풍(Georgian), 그리스양식의 재생(Greek Revival), 빅토리아풍(Victorian), 앤 여왕식(queen Anne), 바우하우스식(Bauhaus), 동시대 양식(Contemporary)은 근본적으로 사각형 형태의 집이다. 이곳에서 사는 사람들은 이에 종속되거나 영향을 받는다. 아버지는 절대 속옷을 입고 다니지 말 것, 요리는 부엌에서 할 것, 아이들은 그들의 세발 자전거를 실외에 둘 것과 같은 생활을 하는 수많은 가정들이 오늘날에도 있다. 이들 중 얼마나 많은 부분이 그러한 건축이 시작되도록 하는 원칙의 수행들이었고, 얼마정도가 그러한 건축에 연속적으로 노출된 결과인가 생각하는 것은 쓸데없는 생각이다. 여기서 그 두 가지가 함께 작용하며 건축가의 연필이 만나는 그 점이라는 것은 분명하다.

2

현대에 유명한 세 명의 의사들이 있다. Freud, Gesell 그리고 Spock이다. 갑자기 주제가 Away with inhibitions, Away with false modesty, Nature is Truth , Body is Beautiful, 그리고 What need most is more togetherness[4)]가 된다.

하루 밤 자는 일종의 간이 주거 건축이 새로운 사고를 반영하기 시작하였다. 수많은 세대동안 다른 것과 달리 유지 해왔던 사각형 형태는 변해가면서 사라져갔다. 오늘날 우리가 보는 응접실, 휴게실, 주방들 대신에 거실(Living Area)을 보게 되는데 불규칙한 독립된 열린 공간이 접대를 할 수 있고, 여기서는 책도 읽고 대화도 하고, 음악도 듣고, TV를 보고, 캐나다 항공 훈련을 할 만큼 충분히 넓었고, God Father Game을 하는 등 연속해서 일어나는 것이 무엇이든 동시에 할 수 있게 되었다.

특별한 기능을 가지고 있는 사각형 공간은 분화되지 않은 공간에 자리를 내주었고, 추측컨대 그곳에서 야생 토끼가 자유를 느낄 수 있을 만큼의 유사한 기분을 느낀다.

---

4) 역자 주: 각 정신과 의사의 저서들

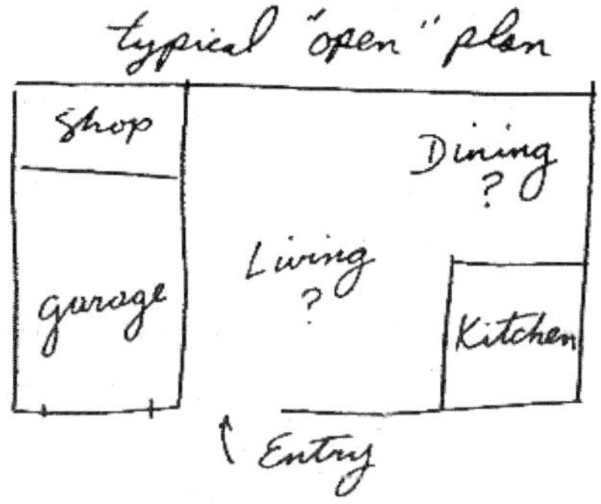

새로운 건축적 표현이 오고 있는 동시에 새로운 도덕성이 따라온다. 어느 것이 먼저 오고 다른 것이 생기도록 한다고 추측하는 것은 쓸데없는 일이다. 공동적인 정당성으로 불가분의 관계로 공존한다는 것은 주목할 만하다. 예를 들어 오래전의 사각형 형식의 주거는 사생활이 가장 중요했었다. 반면에 역설적으로 사생활이 보장되지 못하여 거부되는 행동들이 있었다. 예를 들어 약혼한 한 쌍의 커플이 여름날 응접실에 있거나 현관 앞에 있다고 하자. 이곳에서는 단지 손을 잡는 정도 밖에 할 수 없다. 모든 사람에 허용된 것이지만 손을 잡는 것은 결혼하기로 되어 있으면 대개는 허락되어 있기 때문이다.[5] 자동차의 출현으로 이 모든 것이 변하기 시작했다. 자동차는 탈출, 자유, 사생활을 의미하며 모든 세대는 신비스런 결합을 이루어내는 과정으로 사랑과 자동차를 생각할 정도로 성장했다. 사실 자동차 광고가 오늘날 종종 섹스 지향 주의적이거나 고출력 자동차를 내세우면서 남성다움의 상징을 나타내는 것과 오픈카는 공장에서 만들 때부터 금발의 미녀가 함께 있는 것처럼 항상 상상한다. '함께하는 시대'에 이것은 어리석고 아주 위선적으로도 보이며 어떤 누군가의 성생활을 부정하는

5) 아마도 이 당시의 조혼 경향과 큰 상관관계가 있을지도 모른다.

것처럼 보인다. 같은 맥락으로 거실에까지 나타나는 구시대의 사생활 방식은 오늘날 젊은이들이 구애를 공원의 락 페스티발 같은 공공장소에서 또는 그룹으로 하는 일상적인 방식에 연관되는지도 모른다.

이것은 비록 건축가가 물리적인 배경을 만드는 사람이기는 하지만 건축가가 이런 비공식 삶의 방식을 책임져야함을 의미하는 것은 아니다. 한편으로 그는 새롭게 나타나는 사회 방식의 압력에 책임져야 한다. 그가 원하던 원하지 않던 간에 사회의 구성원으로서 다른 사람들과 공유해야만 하는 그러한 사회형식이다. 상자형 주택을 고집하고 개방된 평면으로 현재는 바뀌면서 새로운 사회적인 질에 공헌을 하고 있다. 건축가는 이러한 사실과 전혀 관계 없고 단지 평면이나 그리고 예쁜 집이나 만든다고 생각하는 사람은 중요한 점을 완전히 놓치고 있는 것이다. 건축가는 그 시대의 태도 가치 도덕성과 필연적으로 관계되어 있다. 그가 그렇게 하지 않고 싶어도 그는 그렇게 할 수 없다.

3

자동차 이외의 전통적 상자형태의 집이 쇠퇴한 다른 요소로 라디오와 TV의 등장을 들 수 있다. 수많은 미국 성인들은 아직도 Lowell Thomas와 7:15 뉴스를 기억할 것이다. 꾸짖고 벌주고 하는 일상적인 일을 중단하면서까지 이를 시청하기 위해 아버지는 조용한 가운데 저녁 식탁에서 보기를 요구했으나, 정각에는 응접실에서 Ed Wynn의 Fire Chief를 본다. 가족들은 신성불가침의 거실로 몰려들었다. 이런 방식으로 방들 사이의 단단한 벽의 분리가 점차 사라지게 되었다. 여기서 열린 공간 계획이 생겨났다. TV와 함께 저녁 식사를 하게 되었고 후에 주방에 흔적으로 남게 되었다.

중부지방의 집들은 옛 방식과 새로운 방식의 절충된 방식을 보여준다. 추측컨대 진보적인 개방계획이다. 전형적으로 중부지방의 집은 정면에는 차고문(항상 열려있어서 자동차가 진입도로에 놓여있어 이웃의 부러움을 산다)과 출입구로 접근하는 판석들이 깔린 굽은 도로가 있다. 왜 굽었을까? 말하기는 어렵지만 그건 아마도 즐거움을 주기 위함이 아닐까 생각이 든다. 건물의 측면은 이웃집의 차도가 보이는 그림 같은 창문이 있다. 종종 풍경은 안보다 밖이 더 멋지다. 지나가는 행인은 건물의 창엔 긴 커튼 사이로 비쳐지는 화려한 불빛을 보도록 처리되어 있다. 크리스마스 기간 때는 전구가 크리스마스트리로 대체되는데 극단적인 경우에는 이 불빛은 앞마당 잔디 앞으로 산타클로스의 썰매와 순록이 내려오도록 비춰주는 용도로 쓰인다.

건물의 모퉁이를 지나 뒷마당으로 가면 수영장(콩팥 모양)과 바비큐 파티를 할 수 있는 뒷뜰이 있다. 아직까지도 이런 집은 명백하게 외향형의 주택이다. 중부지방에 사는 모든 사람들의 꿈의 집인 것이다. 거주하는 사람이 얼마나 존경받는 사람인지를 말해준다. '자, 여기에 사는 사람은 애국적이고 열심히 일하고, 겸손하며, 경건하며, 존중할 만하며 신용이 최상(A-1)일 정도로 좋은 사람들이 있다.' 문안으로 들어가면 정반대이다. 일찍이 미국인들은 좌우명을 잘 읽을 수 있도록 벽에 걸어 두었다. 거기에는 '우리는 부자로 산다. 우리의 따스한 요람인 여기엔 풍요로운 삶이 있다.' 거실에는 큰 TV가 있으며 스테레오와 바도 있다. 아버지의 방에는 즐겨 보는 프로를 보기위한 작은 TV가 있다. 그 윗 층의 아들 방에는 또 다른 작은 굉장히 출력이 센 앰프와 함께 녹화기가 있다. 현재 그리니치 마을에서 문제의 친구들과 살고 있을 딸들 방에는 23세살이 되기까지 비어있는데 디즈니랜드의 작은 소녀화보가 있고 침대에는 곰 인형이 있다.

안방의 욕실엔 두 개의 세면기가 있다. 이는 부부가 다정히 양치질을 같이 할 수 있게 해준다. 사실 모든 욕실에는 사적인 욕실을 갖고 있다. 이처럼 역전되어가는 개인 사생활을 보상하기 위해 과도기에 가족실이라는 것이 나타난다. 이것은 옛날의 시끄럽게 떠들던 방(지하 1층이나 혹은 2층에)의 직접적인 후계 형식이다. 여기에서 모든 가족들은 죄를 씻어내며 가족화합을 한다.

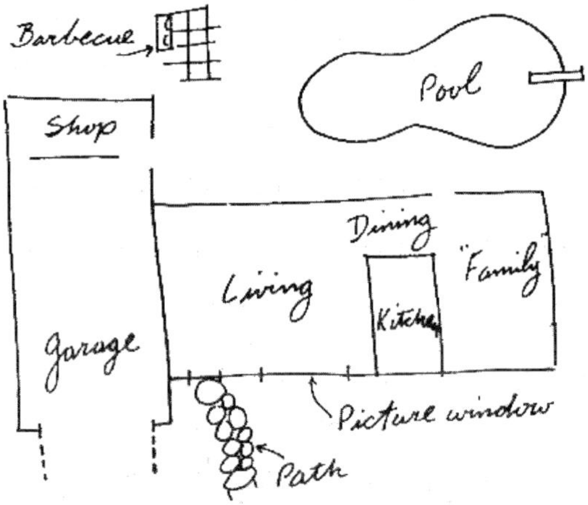

이렇듯 부분적인 모순과 함께 작업장(shop)이 차고 뒤편에 나타난다. 후면부의 차고에는 강력하고 값비싼 장비들이 있어서 아버지는 손에 상처를 입으면서도 용기를 얻는다. '취미를 갖는 것이 자신을 위해 좋다.' 라는 논리에 따라 이렇게 생활하게 되면 5년 이상 더 건강하게 살지도 모른다. 이런 복잡한 중부지방의 집들은 교외의 어디에서든 볼 수 있는데 모든 지역이 매일 발전해 가고 있다. 그들 자신들의 생활방식대로 진실 되게 시간과 문화를 재현하고 있다.

중부지방의 집에 관한 마지막 말은 그 주택을 설계하는 건축가는 그 자신이 중부사람이어야 한다는 것이다. 그렇지 않으면 그는 살아가는 방식에 함축된 감정의 뉘앙스를 결코 이해 할 수 없다. 아무튼 호감 가는 꿈으로 그가 사람들의 야망을 설계한다. 다소의 토박이 건축가들은 교육을 너무 많이 받아서 그렇거나 여행, 복잡한 취향으로 인해 잘 어울리지 않는 설계를 한다. 행복하게도 대다수의 많은 사람들에게는 대중문화의 위험성에 더 이상 물들지 않고 시류의 패션에 어울리는 많은 건축가가 있다는 점이다.

4

매우 크고 빠르게 성장했던 주거건축은 오늘날 아파트나 높게 솟은 다른 방식을 취하고 있다. 핵가족의 집은 상자 형태나 개방형 형식으로 아직도 '남자들의 성'으로 인식되고 있다. 그러나 이동이 대단히 많은 사회에서는 유행 상품이라는 생각들이 주거에 까지 확장되고 있다. 심지어 교외마을이나 전통적 마을의 단독주택도 오늘날 거대한 아파트 단지화 되고 있다. 아파트는 규격화된 배치, 중앙난방, 배관설비, 유지관리 그리고 무엇보다도 순식간에 버릴 수 있다는 점으로 인해 이상적인 도시 문제해결책이다. 토지가가 올라가고 사람들의 이동이 많아지고 도시 중심부에서 교외나 시골 지역으로 공장이나 업무시설이 옮겨가면서 아파트는 도시 내에서 뿐만 아니라 교외에서도 의미가 있게 되어가고 있다.

건축업자가 기본적으로 주어진 땅에 가능한 한 많은 임대 주택세대를 건설하려는 것은 당연하다. 비록 가끔씩은 최소의 건축비로 건축하여 고가의 임대비를 부과하면서 많은 이윤을 챙기려고 하는 건물들이 있다. 하지만 대부분의 경우에는 주어진 땅을 최대한 개발하는데 현대의 엘리베이터와 같은 것이 발명되어 30~40층 높이의 아파트에서 흔히 볼 수 있는데 너무 작으며, 바람도 많이 불고 더러우며, 너무 노출되어 잘 사용되지 않는 테라스라 불리는 공간도 나타났다. 또한 이윤 추구를 위해 천장은 낮고 방은 작으며 파티션은 얇아 방음이 안 된다. 간단히 말해서 조립식의 호화로운 슬럼화가 된다. 항상 그런 것은 아니지만 가끔은 좋은 건축가들이나 선견지명이 있는 소유자들은 좋은 아파트를 짓기도 한다. 전망이 있어 보이고 가치가 오를 것 같은 건물에는 높은 임대료를 적용한다. 아파트계획 기술이나 무수한 복합건물의 주거 특성을 알고 있는 건축가들은 침체기 때를 제외하고는 그들 자신의 스스로 특별한 능력을 찾아서 계획을 한다면 건축 붐이 일 때 그들은 최고의 상태에 있게 된다.

아파트의 비인간적인 면과 줄을 정확하게 맞춰 구멍 뚫어 배열되고 번호 매겨져 있는 것 같은 느낌 말고는 아무것도 없는 아파트에 대해 그동안 많이 언급되고 글로도 많이 쓰여 졌다. 익명성과 편리성은 아파트 거주자의 실질적인 요구이다. 게다가 우리가 불평하는 '비인간성은 정확한 건축적 표현이다.' 라는 것은 논쟁의 여지가 있다. 게다가 흔히 알고 있듯이 그들은 이웃과 관계를 맺지 않고 있다고 생각을 하나 실제로 거주민들은 매일 아침마다 엘리베이터 안에서 인사를 나누고 있다.[6)]

비인간적인 것을 만드는 건물이기 보다는 '그것이 생활방식이다'라는 것은 분명해진다. 그들의 생활방식을 더 인간적이게 만들려고 아직도 건축가들은 '인간미'를 우선적으로 그들의 복합주거건축에 적용

---

6) 불이 나거나 전기가 나가는 경우와 같은 위기 상황에서 이런 금지는 깨져버린다. 이러한 최악의 상황이 항상 일어나는 빈민촌에서는 항상 바람직하지 않은 것일 수도 있지만 이웃 간의 접촉이 빈번하게 이루어진다.

하려고 노력하고 있다. 구조 계획이나 설계 방법을 통해 이런 방안을 찾고 있다. 불행히도 근본적인 상황을 해결하지 못하고 사회문제에 대해 약간의 성과만 거두었을 뿐이다.

예를 들어보면 천부적인 건축가인 Moshe Safdie가 그의 'Habitat'[7] 계획안으로 화제가 되었을 때 무슨 일이 있었을까. 만약 여러분의 집이 하나 위에 또다른 하나를 쌓아올린 듯한 전통적 형식의 아파트건물 대신에 작은 마을의 둥지처럼 집들이 앞뒤로 왔다 갔다 하고 집단주택 같은 시각적 효과를 주는 집이라고 가정하면 매력 있는가? 사진이 잘 받는다. 분명히 그렇다. 그러나 면밀히 분석을 하면 어떤 어려움들이 나타난다. 틀림없이 각 세대에 접근하는 방법에는 한 대의 엘리베이터가 겨우 2~3세대로 이용되어 더 큰 어려움이 있었을 것이다. 보안체계는 전혀 운영이 되어 있지 않았을 것이고 독립된 복도에는 사람을 찾아보기가 힘들 것이다. 건설비용이 급격히 올라가는 동시에 쓰레기들과 우편물들이 쌓이는 등 많은 문제들이 발생할 것이다. 그러나 대량 생산이 되면서 그러한 문제들이 해결될 것이라고 기대를 할 것이다. 하지만 이러한 단점에도 불구하고 그들은 새로운 실험으로 동료애와 커뮤니티에 동참하는 느낌으로 보상받고 있다고 주장한다. 이것은 아마도 일시적이고 환상적일 것이다. 왜냐하면 각 세대가 실제로는 대량 생산된 형태이기 때문이다. 그러나 동료 간의 애정은 형제간의 우애처럼 세상에서는 이제 메말라가기 때문에 환영받을 만할 가치가 있다.

실제 사용하는 계획으로의 전통적인 아파트형식의 이점이 자주 이야기되고 있다. 똑같은 단위세대들이 위로 올라가면서 쌓여 있는 형태의 간단한 구조 방식은 엘리베이터나 배관, 쓰레기 처리 등을 위한

---

7) 1967년도의 몬트리올 엑스포에서 처음으로 소개되었다.

샤프트 계획에서 최대의 효율을 얻을 수 있다. 독립된 로비로부터 보안을 유지 할 수 있고 설비, 가스, 수도관 같은 것은 저렴하게 만들 수 있으며 모든 층의 설계 요소들을 규격화할 수 있음으로 해서 저렴해진다. 각 층마다 거푸집 등을 다시 사용 할 수 있는 구조 형식은 구조비용의 절감을 가져왔다. 그러나 결과가 너무 철제 캐비넷 같아서 따뜻함과 매력이 필요하다는 것을 인정해야 한다. 이 두 가지 양면성은 조화되지 않는 것처럼 보이며 아마도 그럴 것이다. 그러나 절대로 개개인의 독창적인 소질을 깎아내려서는 안 될 것이다. 카탈로니아 건축가 가우디를 예를 들어보면 1905년 바르셀로나에 Pedrera[8]라 불리는 아파트를 지었다. 평면과 입면의 계획은 적은 변화를 적용하여 적층하는 이점을 살리고 있다. 그래서 각각의 아파트들은 언뜻 보기에는 유사해 보이지만 확연하게 다르다. 그 결과 자연적인 느낌이 나는 풍부한 성격이 생겨났다.

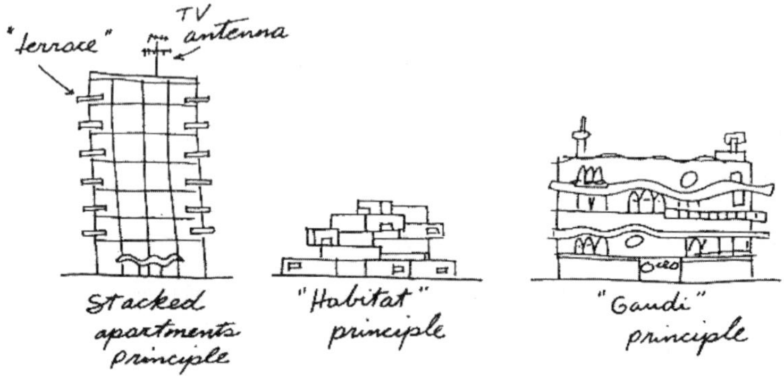

예를 들면 나무들이 서있는 모습이나 군중들 속에 집이 더욱 더 가

8) Museum of Modern Art에서 Henry-Russell의 Gaudi 자료

까이 가도록 만들었다. 물론 그들은 모두 사람이다. 그러나 개개인은 독창적인 개성을 지니고 있다.

물론 가우디는 평소 몹시 바쁘게 일하는 건축가들보다 기꺼이 더 많은 노력과 시간을 투자했다. 무엇보다 중요한 것은 아파트의 거주자들이 그렇게 미묘한 문제에 대해 관심이 있다는 증거는 없다. 그들은 방들의 수나 집세, 장치들에만 관심이 있어 보인다. 새롭고 상상력 있는 해결책은 건축가의 스케치나 마음속에 주로 존재한다는 결론에 이르게 된다. 실제 최신 경향은 '레저형'과 같은 집들로 향하고 있다. 이 범주 안에는 논리적으로 이동식 차량주택이나 하우스보트(배위에 집이 있는 형태)가 포함된다. 한편 큰 상점의 운동코너를 찾아가 보면 전보다 더 많이 텐트나 침낭들을 보게 된다. 도시건축이 5000년이 되었음에도 불구하고 우리가 DRK의 방식으로 돌아가는 것이 가능한가?

4장 건축과 종교

Architecture and Religion

이스라엘 민족이 계곡에 도착하여 양떼들과 함께 정착하였을 때였다.
그들은 하나민의 마음에 들 만한 교회를 지었고
하나님은 백성들에게 곡식과 자손을 내림으로 축복해 주었다.

태초에서부터 현대에 이르기까지 예배공간으로서 교회, 사원, 성당의 디자인 보다 인간과 건축 사이를 밀접하게 연결해주는 곳은 없다. 예외 없이, 그 어떤 경우에도 건축은 그 시대에 신을 어떻게 생각하고, 사람들과 신과의 관계에서 그 자신들을 어떻게 생각하는지를 반영한다. 예를 들어, 고대 로마의 오래된 사원형태는 신은 여럿이라는 생각을 기초로 하며, 각 신들은 전쟁, 지혜, 사랑, 생산 등의 특정한 분야에 권력(재판권)을 가지고 있으므로 사람들은 중재가 필요할 때면 각자 분야에서 신에게 도움을 요청하여 일을 해결해야만 했다. 우리는 특별한 문제나 요구할 것이 생겼을 때 문제를 담당하는 신들의 사원에 가서 문제를 해결하였다. 주목할 점은 신들이 그들 자신의 사원에 살고 있다고 생각했다는 점이다.[1)]

자연스럽게 사원은 잘 꾸며진 방과 보석들, 가구들과 하인들이 있는 고급스러운 곳이었을 것이다. 보석들로 가득한 건물은 안전해야했

---

1) 왕의 궁전의 개념과 크게 다르지 않다. 수세기 동안 왕들은 신들이 하는 방식과 같은 방법으로 신성한 권력으로 통치한다는 것을 상기시켜주기 때문이었다.

고 벽은 두꺼운 대리석이었으며 문을 육중하게 만들어 보호하였다. 모든 것들은 정성스럽게 장식되었으며, 오로지 존엄한 거주자를 위한 것이었다.[2)] 뒤에 다시 살펴보겠지만, 수 세기 후에 신성하게 여기는 실체가 천국에서 금괴로 바뀌면서 사원의 형태는 최고의 은행건축 양식이 되었다는 사실은 주목할 만하다.(5장 참조)

중세시기에 신은 하나 혹은 셋(삼위일체)이 되었고 반면에 노동의 전문화가 성인들에 의해 대신 되었다. 이 유일신은 신비롭게 느껴지게 되었고 모든 곳에 존재하고, 전지전능한 영혼이며, 특별히 어느 곳에 거주하지 않으며 −이것이 가장 중요한 부분이다. − 이해하기 어려운 단지 숭배되는 존재이다. 이 과정에서 사원과 대조되어 중세에 커다란 성공을 거둔 고딕형식의 대성당을 생각해보자. 볼트 형식의 건축물은 믿을 수 없을 정도의 높이로 공간이 전개되어 희미한 천장이 되며, 소리는 메아리 치고 다시 메아리쳐 라틴어로 쓰여 이해하기 어려운 교회의 신비함이 더해갔다. 들어오는 빛이 있는 경우에는 스테인드글라스를 통해 들어오고, 약한 촛불로 걸러져 나온 빛으로 직접 불빛을 비추는 경우에도 실내는 어두웠다. 독특한 냄새 − 오래된 쇠기름, 낡은 기도서, 그리고 습기 찬 석조물들이 복합된 − 는 신비롭고 존엄함을 나타내는 중요 요소이다. 이러한 것들은 정숙한 생각을 불러일으킨다. 방문자들은 들어오는 즉시 이러한 위엄에 눌리어 발끝으로 조용히 걷기 시작하고, 조용히 속삭이게 된다.

주목할 점은 이런 종류의 건축물들이 그 시대의 종교관을 정확히 표현할 뿐 아니라 그러한 표현의 강점이 이러한 종교관을 수세기 동안 확고히 하고 지속시켰다. 심지어 오늘날 까지...

르네상스 시대로 가보자. 상상의 슬라이드 프로젝터로 St. Peter 성

---

2) 공개된 그리스의 신전도 극도로 안전이 보장된 내부 실이 있다.

Roman temple

Gothic cathedral

당이나 St. Paul 성당을 비추어보고 이 그림을 연상해보자. 신비로움, 희미함, 곰팡이, 먼지, 점차 사라지는 메아리가 느껴지지 않는다. 여기에서 신은 더 이상 영혼으로 이해되지 않고 어렴풋이 사람의 영혼에 있는데 이제는 차라리 상업군주, 장군 또는 그를 따르는 사람들을 통치하는 황제이다. 그래서 지금 우리는 거대한 돔, 눈부신 태피스트리(실로 수놓은 벽걸이나 실내장식용 비단), 보석, 귀중한 대리석, 화려한 그림들을 가지고 있다. Swiss Guard(근위병)들은 이러한 모든 귀중한 것들의 안전을 위해 긴 창을 가지고 지키고 있다. 다시 말해, 건축은 그 시대의 가장 설득력 있는 글보다 그 시대의 종교관에 대해 더욱 잘 말해준다. 뿐만 아니라 4세기 이상 축척된 효과 또는 St. Peter 성당 의 미사에 참석하는 사람들, 축복을 받기 위해 거대한 마당으로 들어오는 것들이 이를 말해준다.[3]

---

3) 이러한 계획 방법은 적어도 형태상으로 정파를 닮았다는 것을 제시하기도 한다.

신의 권력과 영광을 표현하는 전통적인 웅장함이 건축에 의해 강화되고 강하게 연관되어 있다는 사실을 부정할 수 없다. 거듭 말하지만, 건축은 두 가지의 과정이 있다. 건축은 일단 표현되고 그 후에 영향력을 끼친다.

지금의 뉴잉글랜드 타운의 마을 교회를 생각해보자. 여기의 신은 고대 로마시대의 다신교적인 전문가도 아니고 르네상스의 군수, 상업 관리자도 아니다. 확실히 신은 더 이상 고딕시대의 신비스러운 존재가 아니다. 신들은 이제 그들 스스로 주인이 될 수 있는 새 삶을 찾아왔던 순례자, 이주자였음을 기억하자. 사람들은 신이 마을에서 가장 연장자 중의 한사람인지, 우리가 만날 때 일어서야 하는 사람인지, 마음을 읽어내는 능력이 있는 그 어떤 이인지 궁금해 했다. 그 곳에서는 쉬운 영어를 쓴다. 특정한 건축양식도 없다. 다시 말해, 높지 않고, 어두운 볼트구조도 없고, 근위병도 없고, 태피스트리도 없다. 사람들은 단순한 문을 통해 건물로 들어가며, 의회의 평가 위원회와 크게 다르지 않다는 생각 속에서 동네주민과 만난다.4)

4) 실제로 많은 영국의 교회들은 공회당의 역할을 해왔고 지금도 그러하다.

이와 연관해서 보면 교회를 다니는 시민과 좋은 시민, 존경받는 시민 사이에는 뚜렷한 구분이 있다는 것을 주목할 만하다. 사람의 이미지가 건축에 의해서 좋아지거나 혹은 건축이 그에 속한 사람의 이미지의 한 표현인가 하고 생각해보는 것은 순수한 생각이다. 중요한 점은 교회와 사람이 서로에게 영향을 주고받으며 따로 떨어져서 생각할 수 없다는 것이다.

좋은 시민이 되고자 강조된 것은 훗날 20세기 중반 이후의 교회 건축과 관계가 있다. 이 시기에 와서야 비로써 혁명의 물결, 인류학, 정신학, 그리고 냉소적으로 불려지는 '새로운 도덕성' 아래에서 신의 이미지에 대한 윤곽은 이제는 희미해졌다. 그 대신에 신들은 봉사하는 삶의 개념으로 성장하였다. – 혜택 받지 못한 자들을 돕고, 억압당하는 소수민족을 위해 정의를 베풀고, 아픈 이들을 돌보고, 노인과 고아들을 돕는 것이다. – 간단히 말하면 모든 것이 좋은 목적으로 발전되어 암연구 센터 건립에서부터 평화운동, 좋은 거주환경까지 연결되었다. 이러한 활동들은 교회가 기도하는 장소 이상의 것을 요구하며 오래된 예배의식에서처럼 헌신적인 부분이 중요한 부분이기 보다는 복합시설물에 대한 부속시설처럼 보이는 교회로 바뀌게 되면서,

예배의 장소보다는 교회의 종파에 상관없이 미팅 룸, 클럽 룸, 강의실, 어린이를 위한 레크레이션실을 추가해야만 했다.[5)]

이렇게 되면서 신은 사회 지도자, 여름철 오후에 열리는 소년 야구대회의 심판이 되었다. 그러므로 봉사하는 삶은 옛 시대 사람들이 종교의 세계라 불렀던 것으로부터 좀 더 일반적인 활동, 일반화된 장소로 이동하게 되었다. 그래서 교회 가는 것, 빙고게임, 야구, 소풍, 세차하는 것들 사이에서 더 이상 충돌은 없다. 종교적인 관점에 집착하는 사람들에게는 유감스럽게 느낄 수도 있겠지만 첫째로 그러한 것들이 실제로 일어났으며, 둘째로 수많은 사람들의 공감을 받고 있다는 사실은 부정할 수 없다.

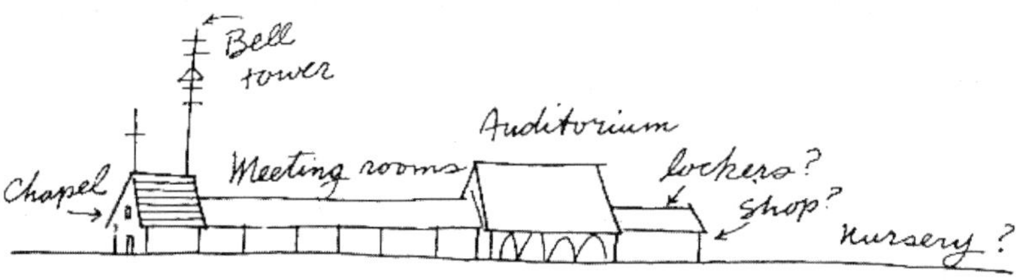

Typical Church 1970 plus

이것은 역사적인 사실을 조사한 결과는 아니다. 이슬람 사원으로부터 동양의 파고다까지 종교적 건물의 모든 타입을 조사할 어떤 의도도 없다. 그렇지만 유대교 교회당에 관한 이야기를 언급하는 것이 좋겠다. 유대교에서는 다른 예배당과 기본적인 상황이 다르다. 유대교 예배당은 교회가 아닌 신성한 책(성경)이다. 그러므로 신의 집은 거

5) 이러한 면에서 볼 때 전면에 있는 종탑이나 십자가를 제외하면 교회를 커뮤니티 센터와 구별하기가 쉽지 않다.

기에 책이 있고 열 명의 유대인(남성)이 모이는 곳이면 어느 곳이든지 존재한다고 생각되었다. 유대교가 대략 2000년 동안 냉대를 받았음을 고려할 때, Safed 나 Jerusalem과 같은 고대 성지에서의 주목할 만한 몇 유대교 예배당 사례를 제외하고는 특별하게 유대교당이 발전된 건축양식은 없다. 미국에서와 같이 유대교가 성공적으로 받아들여진 곳에서도 초기 유대교회당 건축가들이 적합한 양식을 찾는데 실패했고 일종의 네오-로마네스크 풍으로 고정되었다.

후에 이것들은 유행하던 모더니즘으로 서서히 발전했다. 그 모더니즘은 상대 이교도들의 교회만큼이나 자기중심적인 양식이다. 종교의 대변자들은 필사적으로 그들은 현대적이라 주장하는 것 같다. 유대교회당의 경우 그 노력은 최고조에 있다. 왜냐하면 미국에 있는 유대인들과 같이 유대건축이 그것의 뿌리를 찾으려는 힘겨운 노력의 시간이 있었기 때문이다.[6]

6) 어떤 면에서 현대 교회의 외관은 동시대 생활의 전반부 뒤에 숨겨 있는 어딘가에 존재한다는 감정을 극복하기 위한 노력과 어느 정도 관련이 있음에 주목할 필요가 있다.

5장 은행, 비즈니스, 그리고 빌딩

Banks, Business, and Buildings

상자안에 집어 넣고 닫는 순간
소중히 여기게 된다.

물질주의[1]가 도래하고 신성함에 대한 일반적인 생각이 뒤 이어서 바뀜에 따라 고대 신전이 은행의 건축적 디자인에 가장 호감이 가는 모형이 되었다는 것은 그리 놀랄만한 일이 아니다. 덜 중요한 신(돈)의 거처로서 은행은 완전하고 적절하게 종교적인 외관을 표현한 것 같다. 실제로 오래된 은행 건물 사이에서 이러한 경향은 때때로 극한에 달한다. 뉴욕의 42번가의 바워리 가에 있는 저축은행은 사실 신고전주의 대신에 신 로마네스크식이지만 다른 면에서 특히 크리스마스 시즌에는 교회의 분위기가 압도하고 있다. 오르간 뮤직, 그리고 어딘가에서 성가대가 캐롤과 찬송가를 부르는 것을 들을 수 있을 것이다. 단정한 복장의 허스키한 목소리의 집사는 여러분이 들어가서 자리를 찾아달라고 말 할 때 도와줄 것이다. 물론 그것이 여러분이 원하는 자리(교회자리)는 아니지만 가서 앉으라는 창구는 교회처럼 느껴질지도 모른다. 그리고 그 안에 있는 무뚝뚝한 사람에게 비즈니스를 상담하고 통장을 정리하여 결제하고 난 후에는 들어왔을 때보다 더 정

1) 수 세기 동안 예언자와 성인에 의해 비난받아 왔다.

숙하게 발 뒷꿈치를 들고 밖으로 나간다. 그리고 실제로 돈을 은행에 넣거나(순결한 행위) 또는 찾거나(의식할 바 없이 가치 있는 일)상관 없이 좋은 행위를 한 것이고 그와 같은 일에 대해 스스로가 자부심을 느낄 것이다. 은행의 디자인에 영향을 주는 또 다른 요인으로 어느 일정기간 동안(20세기 초)에는 연방보증금 보험이 없었고 은행이 망한 것이 전혀 알려진 적이 없다는 것이다. 예를 들어 사장이나 은행원들이 은행자산을 착복하고 비서와 동행하여 브라질로 떠나버리는 일이 있었다는 것을 사람들에게 소문으로 들었다.

따라서 공적인 관계라는 관점에서 보면 은행건물이 안전해 보이고 견고하고 그리고 의심할 바 없이 정직하게 보인다는 것이 중요하다. 그래서 장래에 이 은행에 저축하는 예금자는 다른 은행들과 은행가에 관해서 들었던 것에 상관없이 그 은행과 직원에 관해 의심할 필요가 없다. 교회처럼 보이는 모습은 진짜 교회가 교회를 찾는 사람들에게 그들의 영혼이 안전하다고 확인시켜 주는 것처럼 돈이 안전한 손안에 있다는 것을 대중들에게 재확인 시켜주는 역할을 했다. (만약 이 해석이 조금 냉소적일지도 모르지만 여러분이 이를 받아들이지 않는 것은 자유이고 여러분 자신의 눈으로 진실을 확인해 보기 바란다.)

은행 설계에 대한 세 번째의 아주 결정적인 영향은 – 자루안의 금괴와 상금의 화폐처럼 만질 수 있는 돈의 개념이다. 은행은 강도와 약탈에 안전하게 보여야 한다. 지하층의 귀중품 보관 금고실이 4인치의 콘크리트에 의해 인접한 방과 분리되어 있고 야간 경비원이 도수가 높은 술을 마시는 것이 허락되었다 해도 무거운 석조, 청동문과 가로 창살이 있는 창문으로 되어있는 신전형식이 완벽하게 이 목적에 들어맞는다.

디자이너가 추구했던 것은 그러한 사실보다 외관이었다. 그것은 아마도 그 당시 건축가가 왜 확신이 가지 않는 완전한 이미지를 성취하기 위해서 그렇게 오랫동안 시간을 소비 했는지 알 수 있다. 그러나 사람들이 듣고 싶어 하는 것은 '여러분의 돈이 안전 합니다 ' 라고 하는 것이다. 그러므로 건축적인 표현은 매우 성공적이고 세계의 모든 부분에서 뛰어난 한 예라고 할 수 있다.

30년대의 큰 불경기로 인해 금융철학에 급진적인 변화가 왔다. 세계 특히 미국이 적자 경제 속으로 완전히 빠져 들었다. 이유는 보유했거나 또는 보유해왔거나 보유하게 될 자금보다 많이 사용하고 소비하는 것 때문이었는데 그것은 동전과 지폐 형태 때문이었다.

돈이 존재하는 곳에서 돈은 종이에 쓰인 번호(숫자) 형태였다. 여러분은 여러분이 원하는 돈의 규모를 크게 혹은 작게 쓸 수 있다. 그것들은 사과, 신발 또는 레코드판 같은 실제 물건의 상징이 아니라 어떤 특별한 것과 관계를 갖지 않은 상상의 순수한 산물로 사용한다. 그것이 우리가 가장 많이 사용하는 돈의 종류이다. 주머니가 변한 것을 제외하고 돈을 볼 수도 만질 수도 없지만, 종이위에 쓰인 숫자(돈의 의미)가 있는 수표로 돈을 받는다. 은행은 여러분의 계좌에 숫자를 기입하여 지불하고 돈을 지불할 때는 여러분이 수표를 쓰게 되고, 돈을 받는 과정과 반대로 된다. 여러분의 계좌에 있는 숫자는 작아지고 다른 사람의 계좌의 숫자는 늘어난다. 실제 돈은 사용되지 않고 또 필요하지도 않다. 거래는 완전히 숫자로 이루어지게 된다. 신용이라 불리는 신비한 요소가 추가되고 10억 이라는 수는 조작하는 것이 가능해졌고, 신용이라는 수단을 통해 수표를 쓰는 것 같은 기존의 관습형태 없이도 돈이 만들어졌다. 사실 금화와 같은 실체적인 돈은 어색하게 되었고 Fort Knox[2] 또는 그와 유사한 곳에 묻혀야만 했다. 무역수지의 균형을 만드는 이른바 금의 선적도 대부분 금의 실제 이동보다 오히려 종이의 이동이 많다.[3]

이 모든 것이 은행 건축과 무슨 관계가 있는가? 적어도 새로운 은행에 신전형식이 왜 적용되었는지 명백히 알아야 한다. 돈은 이젠 신성하지 않다. - 우리는 돈을 친구로 만든다. - 숫자에 이름을 지어준다. 여러분은 돈을 갖는다. 안전성에 관해서 보면 10억 이라는 숫자는 종이에 있어 만질 수 없다. 돈은 여전히 도둑맞을 수 있는 반면 은행의 신뢰성에 관해 정부는 일반적으로 우리들의 예금 보증을 해왔다. 물론 그 보증도 종이에 쓰여 있는 많은 숫자로 구성되어 있다.

따라서 현대 은행 건물은 은행이 다루는 일처럼 밝고 가볍다. 전체가 유리로 되어있거나 스틸로 되어있다. 모든 것이 개방되어 있다. 전통적인 금전출납 창구도 없다. 카운터에서 일을 본다. 건축양식이 말하는 것은 "보세요, 여러분의 은행은 마을에서 가장 창조적인 상상력을 가진 사람들이 운영합니다. 그들은 더 많은 돈을 만들어 내고 경

---

2) 역주 : 미국 Kentucky 주 소재 군용지로 연방 금괴 저장소가 있다.
3) 미국 은행인들의 협회는 가까운 미래에 수표 없는 사회를 예견하고 있다. 그때가 되면 수입과 지출의 모든 회계는 전자계산기에 의해 이루어지고 여러분들은 회계장부를 보기 어려울 것이다.

쟁자들보다 더 빨리 종이에 쓸 수 있을 것입니다. 더군다나 그들은 친절합니다."

여러분은 인상을 심하게 쓰고 금시계를 차고 있는 친절한 구시대의 은행가를 상상할 수 있나? 무거운 금고실의 문마저 큰 의미가 없이 흔적만 남는 정도로 시대가 바뀌었다.4)

멀리 교외지역에서 상황은 조금 달랐다. 은행원들은 대부분의 고객이 여성이라는 기본적인 생각에 여성들이 수나 셈에 직면했을 때 재잘거리거나 말수가 적어지는 상황이 되므로 그들을 진정시킬 분위기가 필요하다고 하는 남성 우월주의를 보인다. '진정시키다'라는 말은 '근사한' 이라는 의미로 번역되며 그리고 나서 우리가 성급하게 얻은 것은 의심할 여지없이 근사한 직원들이 있는 근사한 식민주의 양식이거나 근사한 조지아 양식의 은행이다.

점점 증가하였던 은행업무의 변화는 차에서 내리는 일 없이 모든 업무를 볼 수 있는 드라이브 인 뱅크와 같은 것이다. 그 이후 전형적인 교외 거주자는 자동차가 없이는 아무것도 못한다는 생각을 갖는 경향이 있으므로 이러한 드라이브 인 뱅크가 편하고 아마도 실용적일

4) 뉴욕 5번가 43번지에 있는 제조업자들의 하노버 신용회사는 도로쪽 전시창은 볼트형의 문으로 되어있다.

것이다. 건축적으로 은행을 표현하는 것은 어쨌든 세차장, 장례식장과 같은 일반적 카테고리에 은행이 놓이는 것과 같다.5)

오피스 빌딩의 건축적인 표현은 평행한 발전 흐름을 거쳐 왔다. Woolworth빌딩, Singer빌딩, 크라이슬러 빌딩 등과 같은 초기의 큰 건물은 2가지로 고려하여 설계되었다. 첫 번째로 회사의 견고함과 신뢰성에 대해 강한 느낌을 표현하고, 두 번째로 창립회사에 기념비로서 도움이 되기 위해서 선택되어 지어진 이름으로 증명하는 것이다. 이러한 목적을 달성하기 위해 창조적으로 크게 노력하는 일 없이 오랫동안 역할을 잘 해왔던 훌륭한 옛 사원형식에 의존했다. 사원의 형태는 기본적으로 기단부, 중앙부, 그리고 상부의 3단으로 구성되어 있다.

따라서 오피스 빌딩에서 일어나는 문제점은 재미있는 결과를 보이는데 그동안 보지도 못했던 중앙부를 필요한 만큼 연장하는 것이다.

5) 이 마지막 코멘트는 우아한 것과는 거리가 멀다. 친구나 친척들이 볼 수 있도록 창문쪽에 죽은 자의 관이 놓여 있는 디트로이트의 장례식장(차로 바로 일을 볼 수 있는)이 최근 신문에 보도되었다.

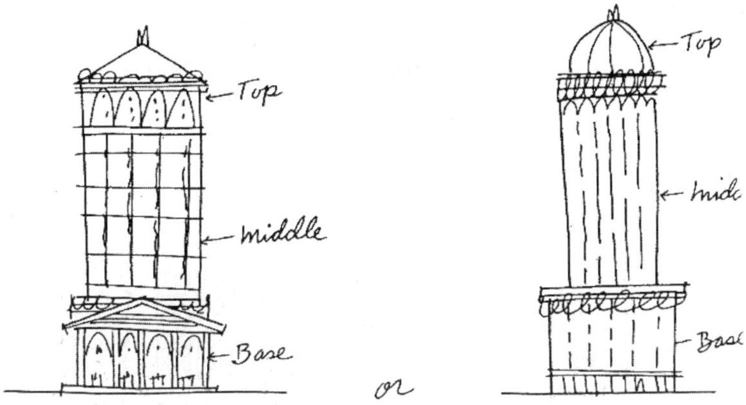

결국, 건축에 관한 상식으로도 기단부, 중앙, 상부라는 개념이 현대의 강구조와 콘크리트 구조에 들어맞지 않는다는 것을 이해하게 되었다. 원하고 필요했던 것은 대량으로 경제적인 생산을 할 수 있고, 그 단가로 임대할 수 있는 면적을 가장 많이 제공하는 것이 모듈러 타입의 설계였다. 그 답은 우리가 현재 어디에서나 보고 있는 것이다.

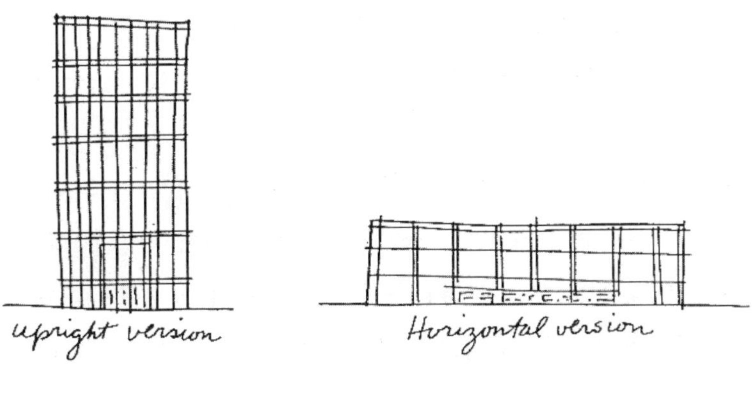

우리가 마천루라고 부르는 고층빌딩은 엘리베이터 없이는 작동하지

않는 엘리베이터의 합법적인 산물이다 마천루의 기본평면은 임대할 수 있는 바닥면적에 의해 둘러싸인 엘리베이터의 코어로 구성되어 있다.

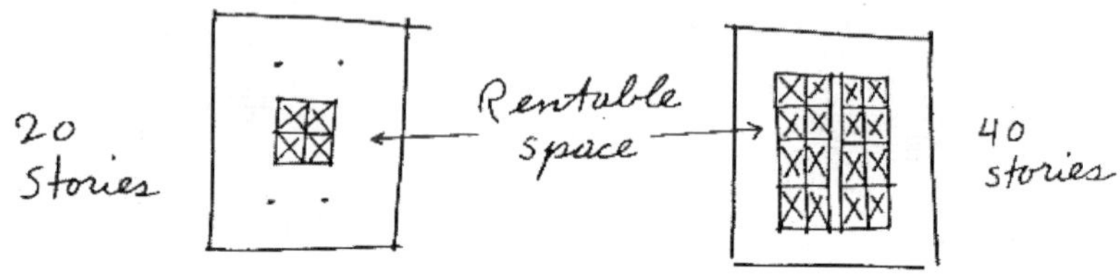

만약 빌딩이 40층 높이라면 20층 쌍둥이 건물보다 엘리베이터가 더 필요할 것이다. 이렇듯 추가로 설치되는 엘리베이터는 높이 올라가면 올라갈수록 사용할 수 있는 바닥을 없애서 엘리베이터가 바닥면적의 많은 부분을 차지하여 충분한 수익을 가져올 수 없는 지점에 까지 이르게 된다. 따라서 오피스 빌딩의 높이에 대한 구조적인 한계뿐 아니라 경제적인 한계가 있다. 그리고 프랭크 로이드 라이트가 말한 것처럼 사람이 1마일 높이의 건물을 건설 할 수 있었다면 건설업자는 86층의 정도 지점에서 파산했을 것이라는 것은 거의 사실이다.6)

건물로 인한 예상치 못한 결과들 중에 많은 오피스 건물들은 거대한 표면과 아주 좁은 통로를 통과해 회오리 모양의 바람을 일으키거나, 그렇지 않으면 산들바람이 돌풍으로 변하여 보행통로를 때리고 벽의 유리창을 부수고 한다고 알려져 있다. 바람 부는 날에는 많은

6) 이 숫자는 여러 지식 자료를 토대로 추측한 숫자이다. 경제적으로 가능한 층수는 건축비와 공사비 조달 방법 등에 따라 다르다. 뉴욕의 무역센터를 예로 들면 부분적으로 110층까지 올라간다. 왜냐하면 전체 프로젝트가 주 정부에 의해 주로 보장되었기 때문이다.

보행자들은 여러 건물들이 복합되어 있는 지하 통로로 대피한다. 여기서 그들은 인간에 적대적이었던 외부에 맞서지 않고 급히 발걸음을 옮기며 점심을 먹고 쇼핑하고 영화를 보러 간다.

6장 유희의 건축

The Architecture of Fun

사람들이 알게 된 것 중의 하나가 인간이 꾸준히 대가를 치러야 할 만큼
현실이 어느 정도는 너무나 냉엄하다는 것을 깨닫는 것이다.
그래서 인간은 많은 시간과 정력을
게임이나 스포츠 그리고 극장과 관련된
여가 활동하는데 보낸다.

1

인간, 비비, 그리고 물개들은 어떤 광경을 보고 찬성을 또는 기쁨 등을 몸에 붙어있는 부속기관을 함께 부딪치면서하는 표시하는 공통적 습관이 있다. 인류는 특히 극장, 콘서트홀, 영화관, 체육관, 카지노 등과 같은 큰 구조물을 만듦으로써 박수갈채라는 큰 형식을 만들어낸다.

이러한 건물의 기본적인 역할은 대개 보거나 듣거나 보고 들은 것에 재 반응하는 것이다. 각 공연의 형태에서 조사, 분석이 필요한 것은 관객과 무대장면, 그리고 그 결과로 생기는 공연장의 크기, 형태, 그리고 그것을 감싸고 있는 구조의 성격이다. 다른 말로 하면 건축이 어떻게 기능으로부터 진화되는가이다. 대부분의 공연형태가 기본적인 극장 예술에서 다소 변형된 것이며 이것이 우리가 시작하려는 극장과 관계가 있다.

초기 공연 형태는 아마도 부족사람들이 불 주위에 모여서 행해졌을 것이며, 주목할 만한 업적을 묘사하는 멋진 용사의 이야기로 구성되어 있을 것이다. 그렇게 함으로써 그는 이 이야기의 어느 한 부분 역할을 했음에 틀림없다. 왜냐하면 어휘가 풍부하지 못하고 한정되어 있는 곳에서 몸동작은 항상 말과 불가분의 관계에 있어 왔다. 어느 때인가 이러한 이야기들은 특히 즐겁거나 감동적이며 재삼재사 말로 전해지는 과정에서 점점 꾸며지고 다양해졌다. 그것은 점점 의식화 되었으며 다른 부족들이 참여하게 되고 늑대, 사자, 적, 친구, 신등이 등장했다. 춤, 노래, 복장과 북소리가 자연스레 따라왔다. 이것이 세계의 첫 번째 뮤지컬의 탄생일뿐만 아니라 연극 문학의 시초이다.

특별히 주목할 것은 그 전체의 본질이 이야기라는 것이다. 그 이야기는 청중이 알든 모르든 감동을 불러일으킨다. 이것이 극장이 무엇을 위한 것이며 그리고 항상 무엇을 위한 것이었는지 하는 것이다. 지성적인 드라마는 이성적 작용을 통해 작동한다. 그러나 연극의 마지막 막이 내리고 브라보와 갈채가 나올 때 작용하는 것은 감정이다. 수 천 년이 지난 후 고전주의 시대에 이러한 이야기는 점점 전설이 되었다. 통상적으로 왕, 여왕, 신, 여신을 다루었다. 줄거리는 우리들에게 잘 알려져 있었지만 그것들은 종종 작가들에 의해 다시 각색 되었다. 그러나 이야기의 본질적인 부분은 같았다. 공연형식은 비록 반의식적인 형태를 띠었지만 우리가 지금 화려한 의식 또는 대서사시 극장이란 단어로 묘사하는 것이다. 그것들의 주된 연극적 가치는 비극의 많은 요소가 영웅적 행위와 혼합되고 약간의 익살이 양념으로 들어가 있어 감정적인 카타르시스를 느끼는 것이다. 모든 사람들이 이야기의 앞뒤를 알고 있기 때문에 현실주의적인 배경을 만들려는 어떠한 시도도 없었다. 색칠한 기둥으로 숲을 표현했다. 그 기둥을 빙 돌리면 궁전을 의미했다. 삼각기둥은 전쟁터에 쓰였다.

주연배우는 무대 중앙에서 연극을 하고, 합창단은 일렬로 늘어서서 사실적인 설명을 노래했다. 합창단(군인을 위장한 군대, 시민들, 그리고 연극에 필요한 것들은 무엇이든지)을 수용하기 위해 무대는 폭이 크고 얕아야했다. 왜냐하면 연극이 깊은 곳에서 일어나는 일이 드물었으며, 주로 교대로 등장하고 대사 중간에 나가고 들어오기 때문이다. 일반적으로 관객은 반원형태의 객석에 열을 지어 앉아서 모든 사람들이 멀지 않은 곳에서 잘 듣고 볼 수 있었다. 덧붙여서 말하자면 이 양식은 여전히 무대의 다양한 광경을 보여주기에 탁월하다.[1)]

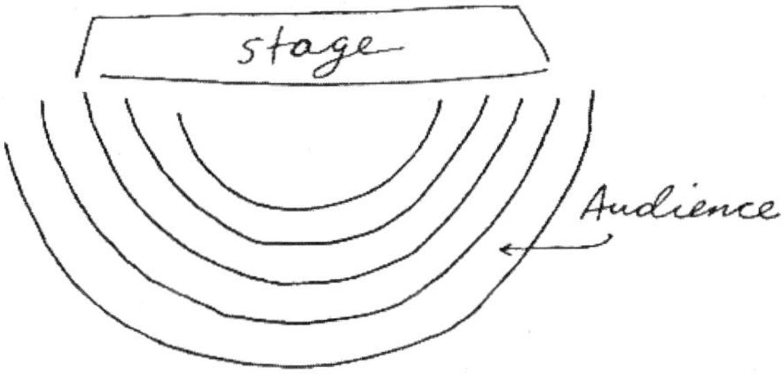

고전주의시대의 쇠퇴로 극장 예술은 배우들이 순회를 하며 시골 사람들을 모아서 장날에 시장에서 기본적인 무대만을 설치하고 공연을 하는 정도까지 쇠퇴하였다. 이러한 변화는 극히 당연하다. 왜냐하면 연극은 가장 소박한 사람들이 이해 할 수 있어야 했고, 그리고 더군다나 도박, 음주와 같이 시끄러운 곳에서도 잘 들을 수 있어야 했기 때문이다. 때때로 늘어뜨리는 막을 치는 경우도 있었다. 이런 경우에 연극 단원들은 막을 내리거나 또 건는다. 사형 집행 같은 쇼는 없다.

---

1) 현대적인 사례로, 어느 정도 개조되기는 했지만 뉴욕에 있는 Lewison을 추모하는 경기장과 헐리웃 경기장을 들 수 있다.

희극의 양식은 대개 비슷한 성격의 간단한 상황으로 변화했다. 예를 들면, 대개 광대의 아내, 예쁜 소녀, 젊은 아내, 여주인, 양치기이다. 물론 광대, 멋진 젊은 악당, 유혹 하는 사람, 연인, 시인이 등장했고 그의 상대역으로 늙은 어릿광대,[2] 늙은 남편, 아빠, 보호자가 등장했다. 이러한 역할은 속이고, 부정한 짓을 하며, 어리석은 짓을 하는 역이었다. 이러한 연극에 버포니(Buffoni)라 불리는 익살스런 코미디가 추가되었고, 그 조합은 완벽했다. 부수적으로 이런 우스꽝스러운 배역들이 천진한 소녀, 지도자적인 사람, 성격배우, 우두머리, 조연으로 아직까지도 우리와 함께 하고 있다.

많은 돈이 시장에서 거래되기 시작하고 장날이 포도주과 술을 파는데 관련되어 있기 때문에 선술집 주인은 때때로 이동식 순회공연단을 초대하여 앞마당에서 쇼를 제공했다. 청중은 맥주를 마시면서 관람하였다. 그리고 지방의 신사 계급은 복잡한 군중위의 갤러리에 앉아서 대중에게 담배를 내뿜으며 종업원에게서 따로 서비스를 받았다.(후에 이위치는 역전된다.) 이 시대의 극장에서 신사계급은 아래층 객석에 앉았고, 보통 일반인들은 발코니라 부르는 곳에 앉는다. 여기서 발코니의 부분 중 칸막이가 구획된 부분은 제외된다. 이곳은 오페라에서 여전히 최고 좋은 자리이다.

때때로 지방의 군주들은 그들의 성에서 연극공연 하는 것을 좋아했다. 그리고 종종 그들의 성에 머무르기를 요청하기도 했다. 군주들은 자신이 직접 한 두 편의 희곡을 써서 무대 위에서의 공연해 보기를 원했다.[3]

물론, 안뜰과 안마당 극장 형태로부터 현재 사용되는 형태가 나왔

2) 늙은 어릿광대(Pantalon)은 그의 바지가 나이에 비해 너무 헐렁하기 때문이다. 헐렁한 바지를 입고 나오는 현대 코미디를 보아라.
3) 많은 Royal Court Theater는 이런 방식으로 시작 했다.

다. 물론 그것은 더욱 발전된 형태였다. 무대는 깊어져서 고전주의 시대의 연극이 제공 했던 것 보다 더욱 많은 행동을 할 수 있었으나 폭은 거의 변화가 없었다. 왜냐하면 예술뿐만 아니라 경제적인 이유로 인해 합창단을 부를 수 없었기 때문이다. 그래서 사람들은 일층에서 배우가 가까이 있는 배우를 지나서 훨씬 뒤에 있는 배우 쪽으로 가는 것을 볼 수 있도록 무대 바닥 면은 앞부분 보다 뒷부분이 더 높았다. 이 형식으로부터 높은 무대와 이와 반대 개념인 낮은 무대라는 용어가 등장한다. 청중은 무대로부터 너무 멀리 떨어지지 않아 그 극장은 적당한 깊이이며 그 위에 갤러리를 첨가하면서도 수용 인원을 만족시킬 수 있었다. Shakespeare의 글로브 극장과 발라스코 극장은 3백 년이란 시간의 차가 떨어져 있지만 최초로 같은 계통의 극장이다. 큰 맥주잔은 청교도주의 시대를 제외하고 항상 우리 곁에 있었다. 영국에서는 중간 휴식 시간에 음료수 마시는 것은 전통이었다. 이것은 후에 브로드웨이에서도 나타났다.

엘리자베스 시대부터 연극이 점점 복잡해짐에 따라 주된 이야기 소재가 가문의 혈통 이야기나 일반적인 이야기에서 기본적인 스토리가 현실성을 다루는 이야기로 변화했다. 배우들이 판에 박힌 형태에서 벗어나 더욱 더 현실적 내용을 다루는 것으로 묘사되는 것을 보게 된다. 이전시대에 단순한 웅변이나 큰 몸짓보다 현실적인 표현이 요구되면서 연기 스타일 또한 변하였다. 연극은 발전하여 무대에서 일어나는 것은 실제로 일어나는 것이었다. 청중은 훔쳐보는 취미를 가진 사람들처럼 관객은 무대 막을 통해 연극을 관람하였다. 4번째 막은 연극을 감싸고 있는 것처럼 보였지만 실제로는 프로세니엄에 의해 둘러싸이고 배우와 커튼 사이를 덮고 있는 개구부였다. 이러한 4번째 벽을 갖는 형식의 극장인 Shaw, Ibsen, Chekhov와 밀러의 극장 방식은 많은 시도에도 불구하고 우리시대에 여전히 주요한 형태로 남아있다. 이 시대의 가장 중요한 감독인 Stanislavsky, Strasberg, 그리고 Kazan들은 그들의 목표로 현실주의의 궁극적 수준을 강조하여왔다.

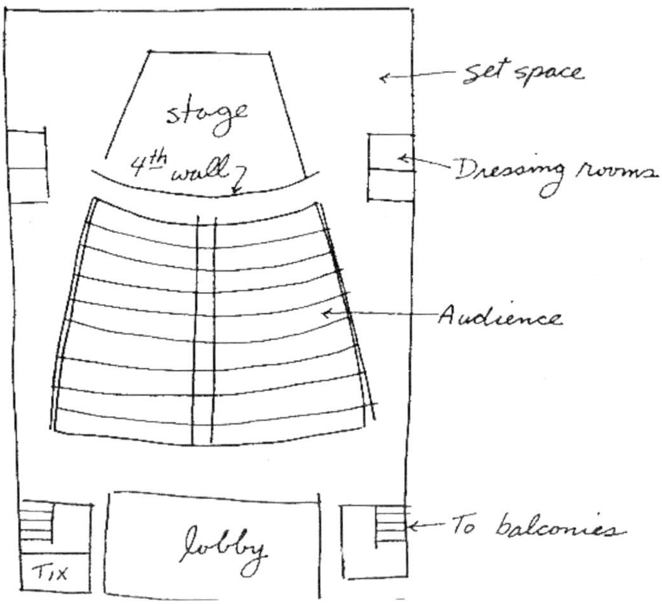

물론 이 예술형식을 수용하는 극장구조는 이를 수용할 수 있도록 계획되어야 했다. 그러한 뜻은 상징적인 것보다 실제적으로 무대는 충분히 넓어야 했고 충분히 깊어야 하며 그리고 배우들이 활동하기 쉽게 충분한 공간을 제공해야 한다는 것을 의미한다. 왜냐하면 목소리와 몸짓이 '현실성'이 있기 위해서는 이전의 극장보다 더 조용해야 했으며 관객은 더욱 무대와 가까워져야 했기 때문이다. 그 요소에 영향을 미치는 다른 하나는 연주 구경에 대한 사회적인 의식변화이다. 로비는 공연중간에 나오는 관객들로 붐비는 휴식을 위한 공간으로 사용되었으며, 제 3자 입장에서 판단해보면 이 공간은 가장 중요한 부분이다. 뒷 무대 전체는 연극배우들의 갱의실로 활용되었고 호화스러웠다. 주연 배우들의 공간은 충분히 넓었다. 이에 비해 조연배우들의 공간은 좁았다.

레파토리냐 단일극이냐에 따라 다이아그램에 나타난대로 무대 뒷 공간의 크기는 크게 변한다. 전자의 공연에는 물론 현재 공연하는 무대뿐만 아니라 바뀌는 무대도 필요했다. 이와 같은 이유로 레파토리 연극 같은 경우는 더 많은 의상 룸이 있어야 한다.

이러한 설명으로부터 얻을 수 있는 것은 다음과 같다. 서사시 형식 극장과 제4의 벽 형식 극장[4] 차이점을 모르며 연극을 모르는 무지한 건축가, 혹은 상업적 극장과 레파토리를 구별 못하는 건축가는 그냥 예쁘게 지으려고만 한다. 불행이도 이런 경우가 결코 드물지 않다. 여러 세대의 배우들과 각본자들, 관리자들, 그리고 관객들은 이러한 극장을 설계한 건축가의 연극적인 무지함과 어리석음을 비난해왔다. 연극이 상연될 극장이 부적당해서 포기할 수밖에 없었던 유망한 연극이 많았다. 한편 유능한 배우들이 건축가의 어리석음으로 인해 공연 할 수 없었다는 사실이다. 그러나 다른 한편으로는, 건축가에 의해 제대로 설계된 극장은 건축적인 면에서의 극장 수준이 향상된 결과로 훨씬 더 연극과 상연이 효과가 있었다. 건축가에 의해 많은 극장이 만들어진 결과 건축술의 발전을 가져왔다. 실제로 그 연극의 발전 과정에서 건축가의 역할은 매우 결정적이어서 저자, 무대배경 관리자, 배우들이 프로그램 목록에 그 건축가의 이름을 올리는 것을 제안하기에 이르렀다. 경우에 따라 건축가는 명성을 얻거나 비난을 받는다.

아마 역사상 가장 최고의 성공된 극장 설계는 20년대와 30년대의

---

4) 역주 : 관객과 무대를 나누는 가상의 수직 공간면(사실주의 연극 용어)

큰 영화 궁전이었다. 새로운 매체(영화관)는 극장 보다 더 많은 관객을 수용할 수 있었다. 왜냐하면 배우의 얼굴이 스크린에 크게 확대되고 소리가 영화관 내로 확대되어 들렸다. 두말할 필요 없이 4번째 벽의 개념은 완전히 사라졌다. 더 이상 배우들의 동작을 자세히 보지 않아도 되었고, 싸우는 장면, 재밌는 장면, 키스 하는 장면 등을 공유하면서 그들과 함께 했다. 그것은 더 이상 연극적인 경험이 아니고 현실로 착각하게 하는 경향이었다. 비록 대신하는 것이지만 로비 문의 밖에 있는 서사시적인 현실, 그리고 집을 향해 익숙한 거리를 걸어갈 때 볼 수 있는 현실보다 훨씬 풍부하고 흥분되는 경험이었다. 사람들은 현실에서 도피하기 위해 영화를 보러 갔다. 그 도피는 너무 성공적이어서 많은 사람들에게 이는 단지 현실이었다. 수많은 주부들과 10대들은 영화와 영화관련 매체에 몰두해 있었으며 헐리우드의 남여 배우들을 우상시 여기고, 집에서 가족들이 음식을 먹고 있는 동안 그들은 점심을 싸오거나 몇 개의 캔디 바를 가지고 와서 쇼를 관람했다

예는 한가지면 충분하다. 브롱스가의 생기 없는 지역에 있는 Lewis Paradise극장, 그 지역 자체는 뉴욕의 생기 없는 지역이었으나 파라다이스! 바로 그 이름이 이미지를 높였고 전체 디자인을 앞서 나갔다. 로비의 대리석 기둥 주변에 천사들이 모여 있고 세면실은 황제의 궁전이 저주받은 화장실처럼 보이게 만들었다. 천장은 어두운 파랑, 희미한 구름이 떠다니는 것처럼 정교하게 계획되어졌고, 어둡게 빛나는 별은 넓은 하늘에 뿌려졌다. 설화를 표현한 석고, 그리고 금을 모방한 석고의 상자 형태의 건물은 바로크의 천사와 여신, 요정, 대모, 다른 이름 없는 매력적인 신을 품고 있다. 이렇듯 이루 말할 수 없는 환경 속에서 찰스 파넬의 자넷 가이너는 비극적인 사랑을 3시간 동안 상영

하였다. 수천 명의 아가씨들은 초콜렛 바와 도시락을 먹는 동안에도 눈물을 흘리며 영화를 관람했다. 누구도 Loew's Paradise를 설계한 건축가가 얼마나 많이 수많은 여성의 즐거운 고통에 공헌했는지 이해하지 못하는 사람은 단순히 진실이 어디에 있는지 알지 못한다.

2

건축적으로 말하자면, 표현에 관한 의문을 잠시 미루어 두고, 영화와 극장과의 사이에는 기본적이 차이가 있다. 영화관의 스크린 각도가 측면에서 보면 왜곡되어 보인다. 그러므로 영화관은 극장보다 폭이 좁고 깊어지는 경향이 있고 극장은 상대적으로 더 자유로웠다. 원형 형태도 가능하듯이, 다음 그림 형태를 비교해 보아라. TV의 등장으로 탈출하는 궁전, 또는 꿈의 장소였던 영화관이 재미없게 되었다.

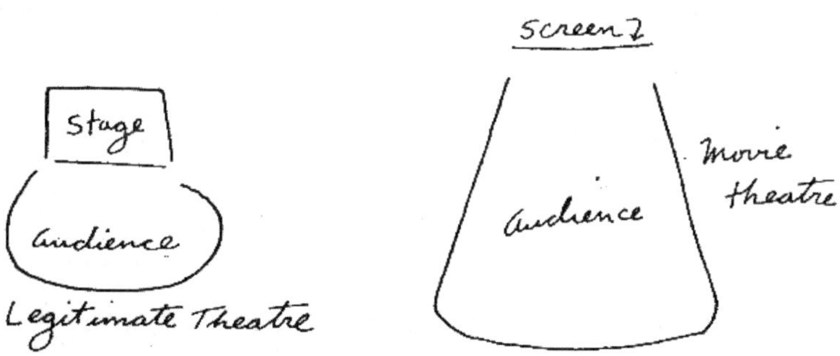

뉴욕에 있는 radio city music hall 과 헐리웃에 있는 Grauman's Chinese같은 기념비적인 것을 제외하고 점점 사라졌다. Paramount와 수도와 the Roxy는 어디에 있는가? 머리를 땋고 하얀 장갑을 낀 안

내자는 어디에 있는가? 오케스트라 피트 위에 있는 전지전능한 지휘자는 어디에 있는가? 발목까지 빠지는 카페트와 화장실의 10센트짜리 향수는 어디에 있는가? 영화관은 현재 아주 실용적인 공간이다. 가장 매력 있는 예술 극장이 되었다. 그곳에서 사람들은 로비라운지에서의 커피, 회화전시가 함께하는 문화적 경험을 하는 영화를 보는 것이지 단순히 영화를 보는 것이 아니다. 현실도피는 이제 집에서 볼 수 있다. 이제 가정에서 그간의 일상에 진저리가 난 사람들이 바보상자를 이리저리 돌리면서 동이 틀 때까지 늦은 밤 쇼(Late Late Late Show)를 보면서 카타르시스에 빠져들 수 있었다.

3

극장설계의 특별한 경우로 첫손가락 꼽을 수 있는 것이 오페라 하우스이다. (발레 공연장은 이 범주에 포함된다. 왜냐하면 그 기능도 비슷하기 때문이다.) 오페라 하우스는 많은 의상실과 창고가 필요한 다양한 양식의 레파토리이다.[5)]

게다가 음악가를 위한 준비 공간이 있어야 하고, 리허설 룸, 그린 룸, 코러스(합창단)를 위한 의상실, 인기배우의 드레스 룸을 위한 넓은 공간이 필요하다. 왜냐하면 오페라 가수는 성질이 고약하기로 악명이 높고 드세기 때문이다. 발레 공연에는 조금만 변형시키면 적용이 가능하다. 스타, 의상실, 음악실, 발레단 등... 따라서 서비스 시설 공간은 더 비중이 커지고 더 면적이 늘어나서 그 공간은 무대와 관객 공간보다 많아진다.

---

5) 오페라의 배역들은 항상 많다는 것을 알아야 한다.

그러나 또 다른 결정적인 요소가 있다. 관객은 오페라나 발레 공연에 예술적인 것만큼 사교 행사로 다가섰다. 그것을 깨닫지 못한 건축가는 건축주에게 고통을 주지 말고 차라리 자살을 하는 것이 낫다. 부녀자들은 옷과 보석을 자랑하러 오고, 남자들은 자기 여자를 자랑하러 오고 소프라노가 얼마나 길게 노래 할 수 있을지 비밀스럽게 돈 내기도 한다. 극장은 무대만큼 중요하지 않다. 2층의 칸막이 관람석, 로비, 입구, 멋진 계단 그리고 1층 객석은 급격히 늘어났다. 유명한 화가들은 많은 돈을 받고 벽화를 그렸고, 유명한 조각가는 로비 천장에 입이 쩍 벌어지는 조각품을 조각할 수 있었다. 때때로 뉴욕시 메트로폴리탄 오페라 하우스의 샤갈 그림의 경우처럼 (밖에서 보는 것을 제외하고) 겨우 볼 수 있는 경우도 있다. 하지만 중요하지 않다. 그 작품들은 거기에 있고 그것들이 있어서 단순히 돈을 들였다는 의미 이상으로 전체 모습을 보면 고급스럽다는 이미지를 확실하게 한다. 무대에서 여전히 일어나는 것은 멋진 남자들이다.

4

대학 극장은 수업에도 사용되었으며, 또 다른 새로운 종류이다. 일반적인 시설에 추가로 강의실, 도서관, 워크샵뿐만 아니라 교수님들의 사무실, 학생들을 위한 라운지 겸 카페테리아 등이 있어야 한다. 최근에 그런 극장 학교는 다른 예술 수업, 발레, 음악 등과 같이 감성을 다루는 수업과 결합되어 왔기 때문이다. 왜냐하면 이러한 곳은 다른 것들을 보조 할 수 있는 많은 시설들이 필요하기 때문이다.6)

6) 가장 바람직한 사례가 뉴욕 링컨 센터에 있는 줄리어드 학교이다.

어떤 면에서, 콘서트홀은 더 단순한 문제를 보여준다. 이러한 곳에서는 무대의상이나 세트나 배우들을 위한 실이 포함되지 않기 때문이다. 또한 관객은 그 공연의 예술적 측면에 관심이 많고 사회적 측면에 관심이 적다. 간단히 말하면 어떤 대중적 인기 있는 사람들이 흠모하는 사람들의 집중을 받을 경우를 제외하고는 관객은 진지하게 콘서트를 즐기러 온 사람이다. 홀 디자인에서 가장 필요로 하는 것은 1)좋은 음향 2)안락한 의자(그러나 졸음이오는 정도는 아님) 3) 적당한 빛과 시야가 필요하다. 이것은 아마도 마지 막 내용을 최우선적으로 고려되어야 할 것이다. 왜냐하면 콘서트에 참석해서 공연자의 공연을 볼 수 있다는 것은 콘서트에 참석하는 즐거움 중에서도 중요하기 때문이다. 그렇지 않으면 집에 머물면서 레코드로 아티스트의 음악을 듣는 것이 낫기 때문이다.

콘서트홀의 뒤 무대는 의상실과 세트에 대한 작은 공간이 필요하다. 그러나 하나의 솔로리스트들을 위한 멋진 드레스 룸이 있어야한다. 오케스트라 멤버들의 공간, 공연 후의 회견을 할 수 있는 그린 룸이 적어도 하나는 반드시 있어야 한다. 극장형식에 대한 조사를 마무리하기 위해서는 실험극장이 지어져야 한다. 이것은 여전히 초기 단계이며 이 초기 단계는 아주 중요한 특징을 갖는다. 왜냐하면 그것이 성숙하게 되면 더 이상 실험공간이 아니기 때문이다. 어쨌든 그것은 많은 형태를 취하게 된다. 영화, 슬라이드, 음악 그리고 배우들의 현장 연기 등의 여러 미디어 형태를 섞어 관객 전체가 참여하도록 한다. 극단적으로 그의 공연에는 관객이 하나도 없다고 생각하는 정말 훌륭한 폴란드계 천재 감독이 있다. 그것은 건축적으로 큰 문제를 가져온다. 이것은 최근 설문조사[7])에서 큰 검정 상자라고 불려졌다. 그

7) 1972년 Barnard College 의 M. Papadakou

것은 실험극 공연자들이 건축적으로 가장 적합한 방법이라고 생각 했던 것 같다. “큰 검정상자”는 그들이 꿈꾸는 무엇을 하던지 가장 잘 맞는 형태라고 그들은 생각했다.

아방가르드의 반항적 외침 속에서 저녁식사하며 즐기는 극장은 이 실험극장의 방향에 포함된다. 대부분의 전형적 형태로 무대는 저녁 먹을 동안 비프나 치킨, 저녁후의 차를 마시는 동안 쇼로 즐겁게 해 주며 그 쇼들은 상업적으로 가벼운 형식이다. 연기자와 함께 뒷부대쪽에 부엌이 있고 테이블이 여럿 들어서 있는 U(말굽)자 형태를 취하게 되었다.8)

5

위에서 다룬 모든 극장 형식에는 코트를 보관하는 코트룸이 있다. 유럽에서는 오랫동안 이해되어져 왔지만 미국에서는 종종 잊혀 진다. 돈을 지불하고 좌석에 앉아 저녁 내내 그들의 무릎 사이에 비에 젖은 코트를 잡고 있는 것을 이해할 수 없었다. 만약 코트 룸이 있지만 그것이 너무 작다면 마지막 택시가 사라지고 교외로 가는 마지막 기차가 떠나는 동안 긴 줄에 서서 기다리는 것이 자선 사업하는 것보다 나을 것이다. 극장건축의 문제들은 오랫동안 특별하여 왔고 작가의 개인적 취향뿐만 아니라 사회와 그의 정의와 건축가의 관여 정도를 명확하게 보여주는 다른 분야를 찾기 어렵기 때문에, 내가 아는 바로는 아직 극장 건축과 관련된 이러한 지식들을 학교에서 학생들에게 강의하는 학교는 없다. 그럼에도 불구하고 극장을 현명하게 디자인하

8) 가장 활발한 극장의 목록에 주방장의 이름을 반드시 첨부해야 한다.

지 못하는 건축가가 극장을 설계한다는 것은 풍선을 파는 사람에게 아폴로 우주선을 만들어 달라고 요구하는 것과 같다. 사실 그 풍선 파는 사람이 날아가는 것과 관계가 있지만 여러분을 달에 데려갈 수는 없기 때문이다.

7장 건축가와 공공건물

The Architect and Public Buildings

공공 건축물은 '우리'를 위해 있는 것이지만
실제로는 '공무원들'에게 속해 있다. 따라서 그 건물이 호감이
가지 않는다고 거의 모든 시민들은 생각한다.

입법부, 주와 국가의 수도, 우체국, 박물관 등은 다른 어느 건축물 분야만큼이나 다양하다. 하지만 어느 정도 확신 있게 두 가지 일반화를 도출해낼 수 있다.

첫 번째 그 건물들은 거의 항상 인상적이고 기념비적이다. 근엄한 품위를 빼고 인정하지 않으면 주정부의 권위(어느 수준이건 간에) 에 대한 의심을 갖게 하는 것이고, 신부님의 설교 시간동안 킥킥거리면서 웃는 것처럼 품위 없는 것일 수 있다. 두 번째로 그 건물들은 시대적으로는 적어도 거의 한 세대는 뒤떨어져있다. 공무원과 건축주로 봉사하는 피임명권자들이 종종 나이가 많고(실제 나이가 아니더라도 종종 외모로 인해서) 그리고 그들 자신, 의무, 직위에 의해서 깊게 인상 지워지기 때문에 이러한 현상은 자연스럽게 발생한다. 공무원들은 상상력 있는 아이디어 혹은 독창성 있는 건축물을 달갑게 여기지 않는다. 사실 그런 일이 일어날 위험성은 매우 적다. 왜냐하면 건축가들은 일반적으로 바로 그 관리들에 의해 선택되기 때문이다.

뒤에 논의될 몇몇 예외가 있지만 공공건물에 대한 신뢰는 줄 곳 전통적인 양식에 있었다. 학교와 병원에는 – '캠퍼스 고딕' 혹은 '신 조지왕조풍'이었고, 정부건물, 법원과 같은 건물에는 '고전주의의 재생' 혹은 '유사 신고전주의 재생' 의 양식이 있다. 30년대의 경제공항기간 동안 수많은 우체국과 도서관들은 공공공사 관리부에 의해 지어졌다. 이름이 잘못 붙여진 모더니즘의 작은 물결이 있었다. 그 건물들을 만약 주의 깊게 본다면 장식만이 생략되어 벗겨져 있는 상태로 낡고 무딘 기념비성으로 구성되어 있다. 사실 이런 종류의 거짓된 모더니즘은 거의 반세기가 지난 현재까지도 존재하는데 그 많은 것 중에서 2가지만 말하자면 뉴욕 링컨센터와 워싱턴 존 에프 케네디 예술극장이 대규모 도시계획에서도 계속 이어지고 있다.

pseudo neo-classic

P.W.A. pseudo-modern

다양한 속임수로 위장하여 겉모습만 비슷한 고전주의를 강조하는 기본적인 원리는 담당 관리의 성격과 그들이 선택한 건축가의 특별한 재능을 능가한다. 사실 각 주정부는 시민들의 존경을 받고 싶어 한다는 것이다. 좀 더 정확히 말하면 존경 받을 수 있는 주를 동경하는 것은 시민들 자신이며 정부행정에서 보다 건축학적으로 더 쉽게 성취

할 수 있는 소망처럼 보인다. 안정성의 개념은 존경과 밀접한 관련이 있다. 그래서 전적으로 인간적인 논리로 전통적인 양식의 건물이 존경할만한 가치가 있는 것, 안정적인 것으로 오랜 기간 동안 역할을 해 왔음을 표현한다.

관료정치가 군에서부터 사회복지에 이르기까지 어떤 특정 부서가 정부규모 더 커지고 비인간적인 특성을 보일 때 예외가 생겨난다. 우리는 더 이상 '우리'가 아니고 그들은 더 이상 '그들'이 아니다. 우리는 단지 사회 보장 번호, 징병 번호, 사건 번호 등의 숫자에 불과하다. 그들은 천공된 카드를 처리하고 이름 모를 프로그래머에 의해 움직이는 기계이다.

건축은 그 과정만큼이나 비인간적이 된다. 그 주정부를 표시할만한 유일한 것은 깃발이다. 이러한 정부에 대해 우리는 외경심이나 존경도 느끼지 않는다. 사실, 우리는 정부에 대해 아무런 느낌도 없다. 정부의 건축물에 대해서도 마찬가지로 아무런 느낌이 없다.

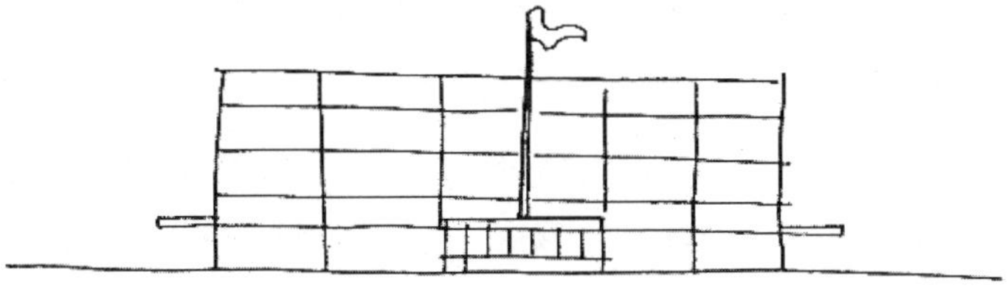

비록 외관처리가 일시적으로 비인간적인 것에 양보했다 하더라도 외형이나 규모를 통해 형태가 기념비성 표현 특성을 유지할 때에만 성공적인 예외가 생긴다. 눈에 띄는 예는 뉴욕의 미국 정부 종합청사이다. 이 건물의 웅장함은 언론에 보도된 활동보고서를 능가하고 조직에 대한 신뢰를 준다. 이와 유사하게 런던의 미국 대사관저도 그 건물의 부피와 규모를 보면 세부구조의 비인간적인 어색함에 반대되는 인상을 준다.

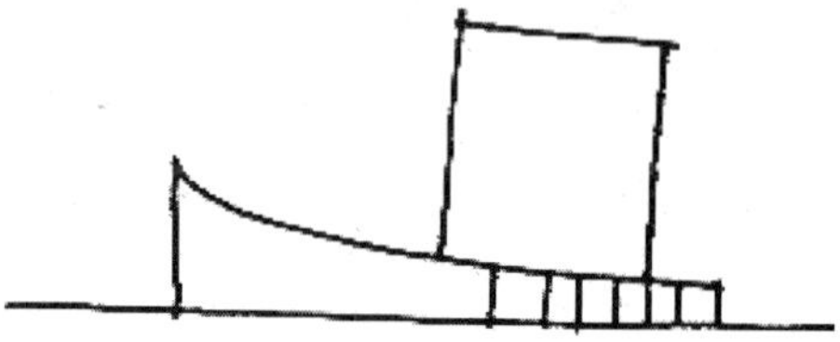

일반적으로 우리는 병원 건축에 대해서는 잘 알지 못하는 듯하다. 어떤 면에서 병원은 감옥과도 비슷하다. 개인별로 병원에 들어오면 의사와 간호원과 같은 관리인에 의해 통제된다. 반면 그는 보살핌을 받고 사랑을 받는 환자이다. 만약 개인 병원이라면 들쭉날쭉한 치료비를 지불할 것이다. 이 경우 병원은 감옥이 아니라 비싼 상업성 호텔인 것이다. 결과적으로 나타나는 건축학적인 뒤범벅으로 인해 불가피하게 쳐다볼 수밖에 없는 사람은 혼란스럽게 되거나 아니면 적어도 불편한 감정을 느낀다. 비록 이러한 반작용이 질병이나 죽음 같은 불쾌한 감정과 연관되어 있는 것인지, 그 건물 자체에 어느 정도 관계가 있다하더라도, 일반적으로 병원 건축은 외부표현 보다는 기술 장비들 간의 복잡한 내부관계의 문제를 해결하는 것이 바람직하다. 이것은 특히 큰 병원에서는 더욱 그러하다. 도시의 배경 속에서 그 병원들의 익명성이 주변에 의해 강조된다. 반면 교외 지역의 작은 병원들의 경우 종종 주목할 만큼 인간성과 매력을 풍기기도 하지만 극히 드문 예이다. 대부분의 경우, 병원 건축은 병원 그 자체처럼 떨어져 있는 것이 좋다.

이 글을 읽는 독자들은 기차여행이 신나고 흥미진진한 때를 기억하기에 충분히 나이일 것이다. 기관차의 칙칙 폭폭 소리, 레일의 덜커덩 소리, 한밤중의 고독한 출발 호루라기 소리- 이 모두는 우리가 꿈꾸는 여행의 일부분일 뿐 아니라 기대되는 즐거움이기도 하다. 이 상황에서 웅장한 반원형 천장(vaulted ceiling), 끝없이 펼쳐진 대리석 경관, 기차 플랫폼으로 이어지는 거대한 철문, 알아들을 수 없는 방송의 메아리, 석탄의 희미한 냄새, 가죽 여행 가방, 땀 흘리는 짐꾼들- 이 모두는 우리의 심장을 더 빨리 뛰게 하고, 희망으로 가슴이 벅차게 한다. 물론 아이도 운다.

모든 것은 바뀌었다.[1] 기차여행은 여전히 모험적이다. 그 이유는 기차 지연, 장비 고장, 더 이상 존재하지 않는 시간표, 방만한 경영 등이다. 여전히 건재하는 터미널은 부랑자들이 와인을 진탕 마시고 때때로 잠을 청하는 먼지 쌓인 거대한 동굴이고, 기차 역장이 죽어서 기록이 없어졌기 때문에 은퇴하고 싶어 하는 표 판매원이 작은 쪽문 너머로 꾸벅꾸벅 졸고 있다. 이 건축물이 왜 그럴까? 이유는 같다. 바뀐 것은 그 건물의 용도, 사람들, 그리고 의미이다. 뉴욕의 그랜드 센트럴(Grand Central) 역처럼 전보다 통근자들이 많은 역일지라도 이 역의 반원형 천장(vault)은 그것의 영혼을 일부 잃어 버렸다. 통근자

1) 물론 미국을 말하는 것이다. 다른 나라들은 기차 여행이나 그와 관련된 건축물은 웅장함과 효용성이 아직도 있다.

들은 바쁘게 움직이지만 대부분의 승객은 오로지 웨스트 체스터(West-chester)나 코네티컷(Connecticut)쪽으로만 향하기 때문이다. 이제 그 반원형 천장은 과장되어 보인다.

버스터미널은 그렇지 않다. 그곳은 현실에 직면해있다. 그 누구도 헤켄색(Hackensack)이나 뉴 저지(New Jersey)로 간다는 기대에 들떠 있지 않다. 천장은 낮고 통로는 일직선이다. 대리석도, 전망도, 메아리도, 그리고 매력도 없다. 아이들은 여전히 울고 있지만, 건축이 말하는 것은 버스여행은 어쩌구 등을 단순히 표현하고 있다. 실제로 웅장한 것은 이제 공항이다. 출발 라운지에 와서 방송을 듣는다. 런던, 휴스턴, 하와이, 싱가포르, 로스엔젤레스, 멕시코, 부에노스아이레스, 마드리드, 텔아비브. 이륙 활주로에 있는 제트기의 먼 굉음을 듣는다. 이것이 여행이다. 사람들을 쳐다보아라. 이에 대해서는 아무런 의문도 없다. 그들의 맥박은 빠르게 뛰고 그들의 심장은 붉게 타오른다. 여기에는 하켄색 버스 탑승 같은 것은 없다. 여기는 전 세계이며 끝없는 창공이다. 아이들은 아직도 울고 있는데 누가 신경이나 쓰는가? 우리 비행기는 12번문에서 탑승중이고 15분 뒤면 우리는 3만 피트 상공에서 구름을 내려다 볼 것이다.

이를 주된 문제로 보면, 공항 건축은 왜 그렇게도 화려한지 궁금해 한 적 없는가? 비행을 해보면 비행은 상상력을 동원하게 하고, 공기·속도· 먼 이국적인 나라를 생각하게 한다. 관습적으로 혹은 무감각하게 몇몇 건축가들이 20세기의 마지막 시점에서 비행을 통해 느끼는 그런 흥분을 놓치고 있고, 시골의 쇼핑센터처럼 지루하고 무미건조하게 벽돌과 유리등으로 건축되고 있는 것은 매우 안타까운 일이다. 아마도 수십 년 후에는 비행기 타는 것도 슈퍼마켓에 가는 것처럼 평범하고 지루한 일상이 될지도 모른다. 그때에는 이 유감스러운 건축물이 옳은 잣대가 될지도 모르겠다.

하지만 아직은 아니다. 제발. 아직은…

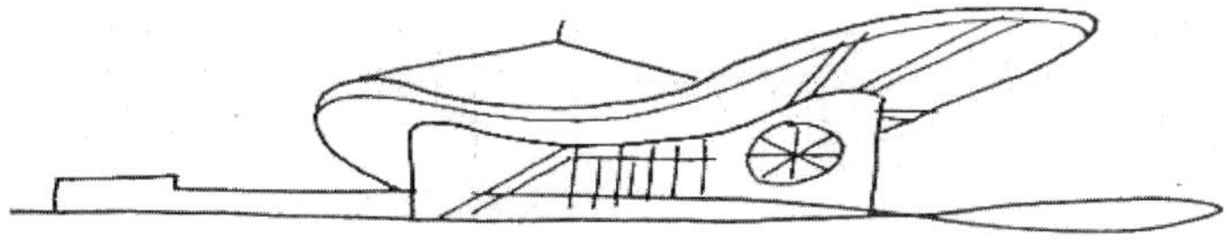

이 시대의 인구의 증가는 아이들뿐 아니라 청년 그리고 성인에 대한 교육의 증대도 가져왔다. 그 범위는 양쪽에서 모두 확장되었다. 우리는 이제 3살을 위한 영아원이 있고 대학에서는 학부과정이 가장 낮은데 적어도 소위 '선진국'이라고 불리는 미국에서는 입학생이 (공식적으로는 수천 명 단위로 계산되지만) 수백만 명이다. 물론 이는 유치원, 중학교, 고등학교, 입학 전 학교, 전문대, 대학교, 그리고 발레학교 등 다양한 학교들이 공공 건물분야에 있어서 차지하는 부분이 끊임없이 늘어가고 있음을 의미한다.

학교 건축은 교육 이론만큼이나 다양하다. 이는 사회 유형과 건축의 상호 의존을 보여주는 것이다. 우리는 학생이 어떻게 교육을 받아야 하는지를 생각하면서 학교 건물을 짓는다. 예를 들어 가장 보수적인 접근방식은 교실 하나에 30~40명의 학생이 모두 칠판을 바라보는 형태로 계획된다. 이 글을 읽는 거의 대부분의 독자들은 이런 교실에 앉아본 경험이 있을 것이다. 이 교실을 하나의 단위로 봤을 때, 목표수치에 다다를 때까지 복도 양쪽으로 그리고 위 아래로 같은 단위를 여러 개 배치한다. 체육관과 강당은 건물의 양쪽 끝 혹은 한 가운데에 위치한다. 교무실은 중앙 현관주변에 위치하고 화장실은 계단 근처에 위치한다.

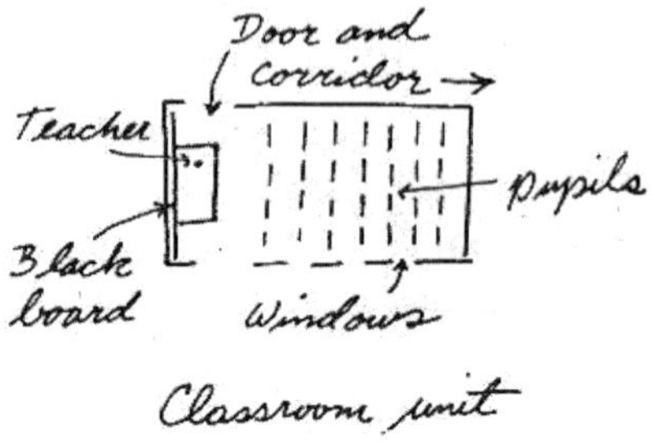

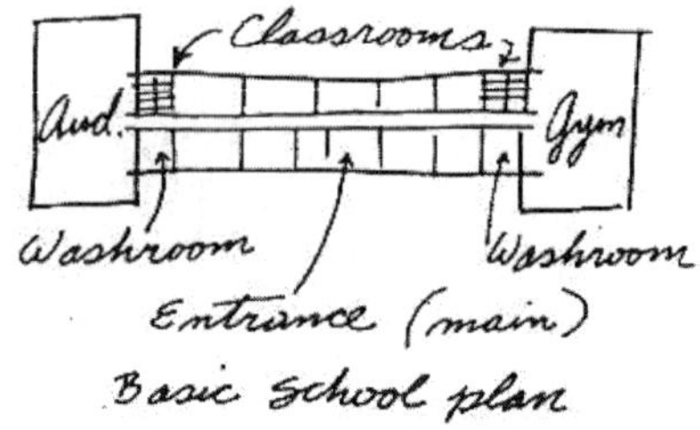

모더니즘이 나오기 이전의 건축표현들은 두 가지 이론에 기원한다. 하나는 조지 왕조 식민지 시대의 변형인 신고전주의이고 다른 하나는 고대 영국 교회학교[2]에 대한 감상적인 형태를 하고 있는 캠퍼스 고딕이다. (물론 소중한 기억 속의 ' 빨간색의 작은 학교'는 단지 추억일 뿐이다. 그 누구도 여러 세대에 걸쳐 쓸 수 있도록 그런 건물을 짓지 않는다.)

2) 도시적 배경으로 보면 땅은 더욱 한정되어 있는 곳에서는 이런 기본 개념은 수평적으로 압박되어 위로 올라간다.

모더니즘이 생겼을 때 많은 건축가들이 그들의 건축물 외관양식을 바꿨다. 하지만 그들의 생각의 내용과 질은 변하지 않았다.

전문대와 정규대학의 경우, 캠퍼스의 모양과 특징이라는 또 다른 요소가 가미된다. 다시, 모더니즘이 생겼을 때 두 개의 큰 흐름은 토마스 제퍼슨이 디자인한 버지니아 주립 대학교에 의해 고무된 신고전주의와, 등나무로 치장된 영국 학교의 영감을 가진 신고딕 양식이었다. 사실 등나무를 사용하는 것은 존엄과 고풍스러운 분위기를 나누고 싶어 하는 학교 디자인 때문에 생겨났고, 학문은 여기에 적합하다고 생각되었다[3]. 중요한 개혁은 교육 이론들이 가장 많이 제기해오는 아주 어린아이들의 학교에서 가장 많이 나타난다. 여기서 우리는 건축가들이 각기 다른 교육 방법론에 근거해서 세 개의 큰 방향으로 실

3) 미국에서 가장 뛰어난 학교는 북동부에 있는 아이비리그라고 불리는 학교다.

험을 하고 있다는 것을 알 수 있다.

아마도 최소한의 혁신적인 생각은 어떠한 대가를 치루더라도 학생들이 적어도 덫에 갇혔다는 느낌이 들지 않게 한다는 것이다 – 실내외의 적절한 조화가 이루어져야 하고 다양한 변화들이 시도되지만 각각의 교실에 노는 곳이 있어야 한다.4)

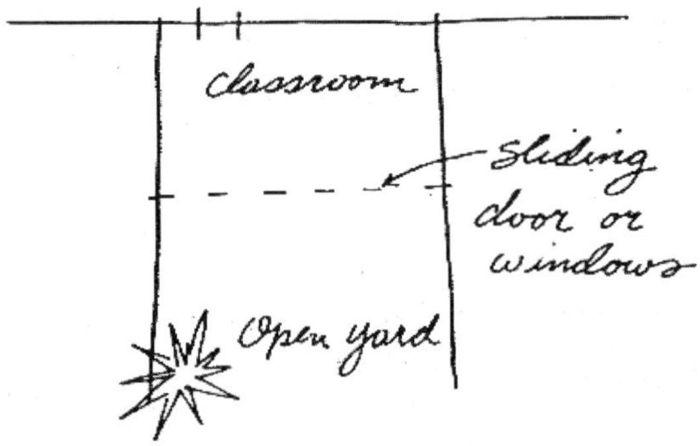

수업, 놀이, 혹은 다른 간단한 에너지 분출 방법 등은 교사들이 생각하는 적절한 시기 어느 순간에라도 바뀔 수도 있다.

초등학교에 있어서 두 번째 혁신적인 유형은 각각의 단위(교실)를 넓혀감으로써 학생들이 학교에 있다는 느낌보다는 오히려 캠프에 있다는 느낌을 받게 한다는 것이다. 물론 각각의 단위는 서로 물리적으로나 관리적인 면에서 연관되어 있지만 교실은 각자의 고유한 성질을 가지고 있어서 교실마다 다른 분위기가 난다.

건축가들은 특히 클러스터형 학교를 좋아하는데 그 이유는 아이들이 서로 다른 형태와 배치의 학교에서 놀 수 있기 때문이다. 하지만 모든 건축가들이 이를 좋아하는 것은 아니다. 몇몇 건축가들은 그러

4) 물론 그 유니트는 날개나 복도를 따라 반복되는 정도에 의해 달라진다.

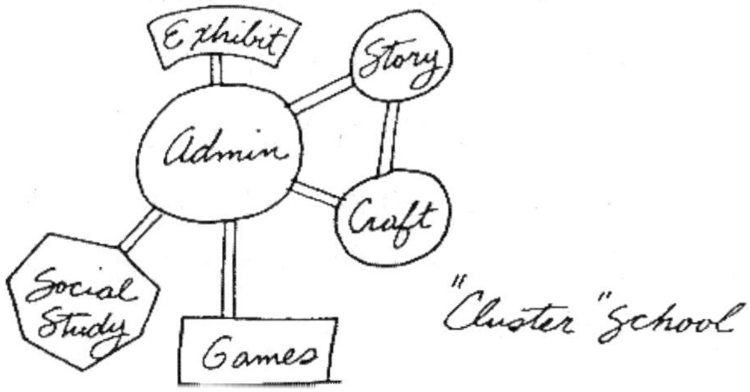

한 클러스터 형식이 건축학적인 불일치가 되도록 한다고 불평한다. 게다가 학교 주인인 건축주들은 맨 처음 그들의 생각이 뭐였는지 조차 헷갈려 한다.

지금 행해지고 있는 학교에 대한 세 번째 실험[5)]은 교수·학습 공간을 분리하는 것이 아니라, 넓고 개방된 공간에 서로 어울리게 하는 것이다. 학생 그룹이 그 날 필요에 따라 그들 자신들이 배열한다는 것이다. 이런 식으로 학생 각자가 하는 일이 사회 그 자체의 상징적인 표현으로 학교구성원 전체와 인구를 의식하게 되고 관심사가 된다는 것이 이 배치의 기본 이론이다. 개방된 공간에서의 소음은 각자의

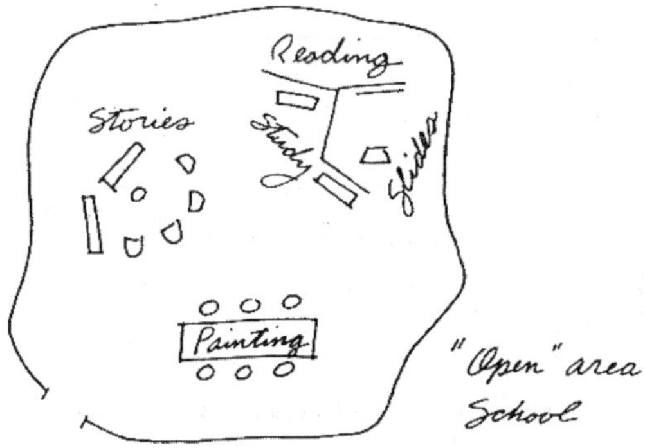

5) 이 책이 읽힐 때쯤이면 제4, 5, 6의 교육 아이디어가 나와 표현될 지도 모른다.

활동의 효율적인 배치와 소음을 조절하는 재료의 효율적인 사용으로 제어된다. 생각해보면 초등학교에서 볼 수 있는 실험적인 생각들이 대학이나 더 특화된 고등교육 기관에서 더 잘 쓰일 수 있을 것 같다. 왜냐하면 대학의 교육자들은 이데올로기적, 건축학적 해결책이 대학 생활을 방해하는 가장 큰 두 요인임을 알고 있기 때문이다.

물론 첫 번째 요인으로는 의심의 여지없이 대학 학생과 조직의 급격한 성장과 함께 교수들이 연구에 몰두하여야 하는 압박이다.6) 많은 해답 중에서도 그에 대한 가장 실용적인 해답은 학과 이수 구조를 바꾸는 것이다. 그래서 각 분야의 최고의 강사들에 의해 이루어지는 강의를 많은 수의 학생들이 듣는 것이다. 직접 강의 혹은 필요하다면 비디오테이프 등에 의해서 그리고는 좀 더 적은 수의 사람들끼리는 토의를 할 수 있는 소모임이 이어진다. 이것이 이상적인 방법은 아닐지 모르지만 적어도 학생들에게 그들 분야에 있어서 최고 실력자들을 만날 기회는 주는 것이다. 그리고 그들에게 그 자신들의 의견을 발표하고 토론하는 기회를 준다. 건축학적으로 큰 강당 하나에 작은 교실이 여러 개 있는 전통적인 구조를 대체한다는 의미가 된다.

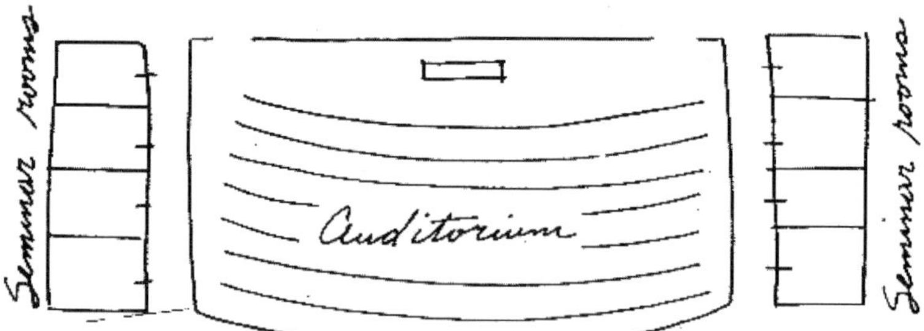

Lecture - Seminar Group

6) 간단히 말하면 학생은 너무 많은데 활용할 수 있는 교원은 너무 적다.

두 번째, 대학 교수진이 알고 있는 고통스러운 증상은 '2학년 슬럼프'일 것이다. 대학교에 입학하고 2년째가 되면 학생들은 더 이상 2년 전의 미숙한 사람들이 아니다. 학생들은 이제 19살 혹은 20살이고 성인 수준의 생활 경험도 어느 정도 겪었을 것이고, 무엇보다 중요한 것은 14년 학교생활이 지루해진다는 것이다. 2학년들은 수업에 대한 환상이 깨지고 강의를 빠지기 시작하며 성적이 떨어져 고민하다가 낙제하기가 쉽다. 이를 피하기 위해 몇몇은 1년을 휴학하거나 어학연수를 다녀온다. 몇몇 대학들은 이미 이 문제를 간파하고 1년간의 직업을 갖거나 혹은 학교 밖에서 공부한 것의 학점을 인정한다. 이게 건축학적으로 무슨 의미가 있는가? 대부분의 경우 이는 기존의 시설들을 이용하고 교육한다는 데에 의미가 있다. 같은 나라 혹은 다른 나라의 대학을 이용하고, 구식의 학업이수과정과 예비학교 운영 방식을 바꾸고, 저개발 국가에 대한 교육 봉사를 갈 조수 학생을 구해서 고고학적 발굴이나 박물관에 재배치한다.

하지만 가장 흥미로운 건축학적인 형식은 여전히 볼 수 있다. – 예전에도 그랬듯이 지금 일어나고 있는 과정들이 여러 다양한 활동의 패턴으로부터 여전히 진화하고 있다. 예를 들어 다양한 종족간의 관계에 있어서 흥미로운 기억인 히피들의 공동 생활체 꼬뮨(commune)은 우리가 일반적으로 단체 생활에서의 실험(Experiments in Group Living)이라고 부르는 것을 다양한 대학에서 교과 과정에 이를 반영해왔다. 15~30명의 젊은 여성과 남성은 한 집에서 함께 살게 하고 교직원에 의해 통제되며 자신들만의 체계로 공부하고 업무를 분담하며 사생활을 즐기게 한다.

다른 교육적인 실험은 여행식 대학(traveling college) 이다. 이는 배, 기차, 비행기 등등을 통해 다른 그 어떤 교육 방법보다도 효과적으로 세계를 돌아다니며 교육을 한다. 다양한 여행식 주택은 그 자체로도 중요한 생활 유형이 되고 있는 것처럼 말이다.

요약하자면, 새로운 교육 방법에 의해 제시된 건축학적 가능성은 호기심을 자극하지만 여전히 모호한 개념이다. 한편, 우리의 가장 유명한 건축가는 현대적 시각을 갖고 있다. 예전의 진부한 디자인으로 조금 더 높은 수준의 교육을 눈치 채긴 했지만 말이다.

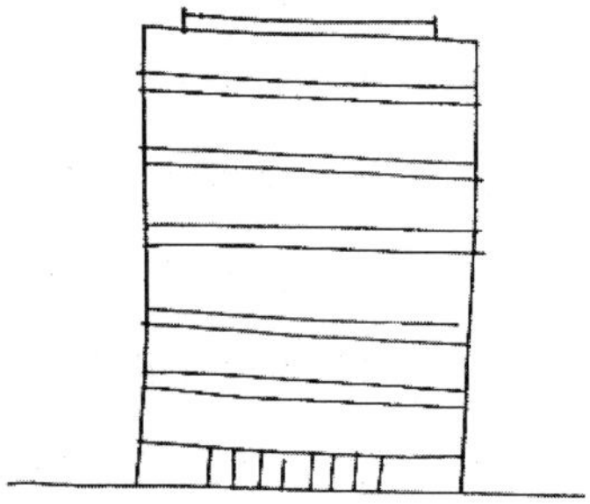

New Science Building for "X" college

8장 건축의 언어

The Language of Architecture

의사소통의 어떤 시스템은 그것이 말이건, 몸짓이건, 사인이건, 또는 상징이건 일종의 언어라고 생각할 수 있다 – 단지 필요한 것은 다른 상대와 서로 이해가 되어야한다는 것이다. 하지만 이상하게도 이러한 일은 가장 발달된 언어를 사용하는 인간에게서 가장 드물게 일어난다. 마치 사람들은 다른 사람을 이해하고 싶지 않은 것처럼 보인다.

1

이런 저런 표현으로 건물을 말할 때, 건물의 기능적인 역할에 덧붙여 건축은 의사소통의 중개자라는 것을 가정하게 된다. 건축은 이 종이에 있는 단어들과 같이 의미를 전한다. 물론 건축가들과 같이 의미를 전달하는 사람과 그리고 메시지를 읽는 사람들은 사용되고 있는 언어들에 대해서 일반적인 지식을 갖고 있어야 한다. 같은 사회에서 자라온 사람들에게 이는 간단한 문제이다. 말을 배우는 것처럼 별 노력하지 않아도 지식을 얻을 수 있다. 남태평양의 원주민처럼 다른 문화에서 온 사람이 아마 우리의 언어, 관습, 그리고 도덕적 관습을 이해하는데 어려움이 있는 것처럼 건축을 이해하는데도 같은 어려움을 겪을 것이다. 그 원주민들은 아마도 우체국과 교회를 구별하는 것이 불가능 할 것이다. 우체국은 차치하고라도, 교회가 무엇인지 알지 못할 것이다. 그러나 만약 여러분의 문화라면, 여러분이 자라왔고 그리고 쉽게 형상화 할 수 있다. '나는 교회다.' 또는 '나는 주유소다.'라는 것처럼 건물들이 만드는 기본적인 표현을 이해할 수 있을 뿐만 아니라 '나는 깨끗한 집이다. 환영한다. 그러나 너의 발을 닦아라.' 또는 '나는 궁전이다. 모자를 벗어라. 그리고 몸수색할 것이니 준비해라.'라는 것 같은 변형된 느낌까지도 읽어 낼 수 있을 것이다.

그 다음으로 자신의 건물들을 통하여 말하는 사람인 건축가는 허튼 소리를 하는 바보가 아니라면, 첫번째로 그가 말하고자 하는 것에 대하여 명확해야 한다. 둘째로 건축가는 언어에 대하여 잘 알고 있어야 한다. 그래야 책의 독자들처럼 그 건축물을 이해하려는 사람들은 그를 무식한 사람이라고 혹평하지 않을 것이다. 아다시피 언어는 기호, 단어, 문장, 몸짓과 같이 서로 의사소통을 할 수 있는 모든 것들로 이루어져 있다. 건축에서 기호는 벽, 지붕, 문, 창문, 계단, 첨탑 등 건물을 구성하는 요소들이다. 각각의 것들은 무한히 많은 방법으로 디자인 되거나 무수한 변화를 통해 함께 놓인다. 그리하여 마지막 의미는 막연한 무형 형태의 시 또는 음악처럼, 창조와 창조자의 표현하는 힘 그리고 해석 또는 반응하는 능력에 의지하는 불확실한 무형의 존재이다. 의사소통에서 이 행위의 양쪽 모두의 끝들은 관계된 개인에 따라 매우 다를 수 있다. 즉 그들의 경험, 편견, 신념 그리고 감수성과 같은 관계 – 건축에서 공감하는 부분이 다른 사람들에게는 많은 다른 의미가 될 수 있다. 그리고 격렬한 토론의 경우가 될 수 있다.

초라하고 외관상 간단한 건축적인 단어로 문을 생각해보자. 문이란 무엇인가? 본래, 그것은 벽을 깨뜨리는 개구부이다. 그 말은 여러분이 문을 달기 전에 벽을 갖고 있다는 뜻이다. 벽은 어떤 것들을 분리하기 위해 세워져 왔다. 벽은 사람들을 안에 가두어 두기도 하고 다른 사람은 밖에 둔다. 바람, 비, 추위 그리고 늑대들도. 경우에 따라서는 특별한 사람이나 물건이 통과하기도 한다. 이렇게 개구부가 만들어진다. 그 개구부는 사용되지 않을 때에 닫힌다. 그것이 문이다. 그러고 어떤 것이 문을 통과하느냐에 따라 크기와 모양이 결정된다.

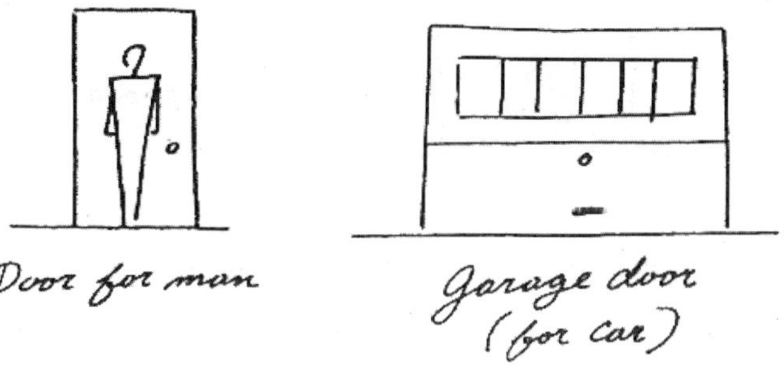

문의 크기와 모양을 통해 여러분은 문이 어떤 것을 의미하는지 알 수 있다. 사람들을 위한 문은 6피트 6인치 높이(어떤 이들은 이보다 키가 크다.)이다. 그리고 그것은 화장실의 문, 옷장 문, 자재창고 문, 또는 심지어 소박한 오두막집 문일지도 모른다. 만약 바닥 쪽에 잘려진 작은 문이 있다면 그것은 개나 고양이를 위한 문일 것이다. 동시에 경첩으로 된 덮개가 있는 홈은 편지를 위한 것이다. 이 모든 3가지를 함께 넣고 벽에 페인트로 표시를 해도 좋다. 애완동물과 함께 있는 시외 또는 시골의 소박한 집에도 문이 있다. 작은 규모의 문은 개인 자동차용이고. 큰 규모는 버스나 비행기를 위한 문일 것이다. 중요한 사람이 공작의 저택에 들어 올 때 그는 말을 타고 들어 올 것이다. 그러므로 그 출입구는 높고 넓어야만 한다.

또는 만약 군인들의 무리가 전쟁에 출전할 때 – 또는 더욱 중요한 의미로 만약 그들이 승리하고 돌아 왔을 때 – 출입구는 창과 깃발이 허락되는 높이와 너비가 되어야만 했다.

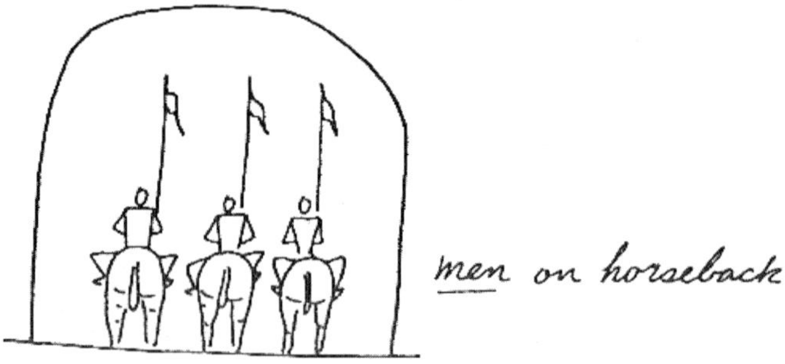

결국 이 출입구는, 영광스런 행사와 함께 긴 단체가 통과하는 곳으로 그 문자체에 영광을 갖게 되었다. 그리고 얼마안가 벽을 통과하는 길의 기능과 분리하는 역할을 하게 되었다. 이렇게 하여 광장이나 시장의 가운데에 세워진 축제의식, 기념물 그리고 그와 비슷한 것들을 독립적으로 사용했던 개선문을 발견한다.7)

7) 파리에 있는 성 루이스 아치나 개선문을 보아라.

대성당 출입구의 거대한 아치 형상은 그 건물에 최상의 신성함이 있음을 의미함과 동시에 안으로 들어가는 예배의 행위를 상징한다. 스케일이 너무 장대한 문은 많은 사람들의 힘으로 움직일 수 있었다. 개와 고양이의 문이 큰 문 안쪽으로 끼워져 있는 것처럼 평상시 사용하는 작은 문이 큰 문에 끼워져 있다. 우리는 메시지를 얻는다. '신은 위대하다.' 라고 그 문은 말한다.

"예배는 모두 중요하다, 그러나 예배자 본인들은 중요하지 않다. 제발 그들이 이 사실을 깨닫고 겸손해지게 해주소서!"

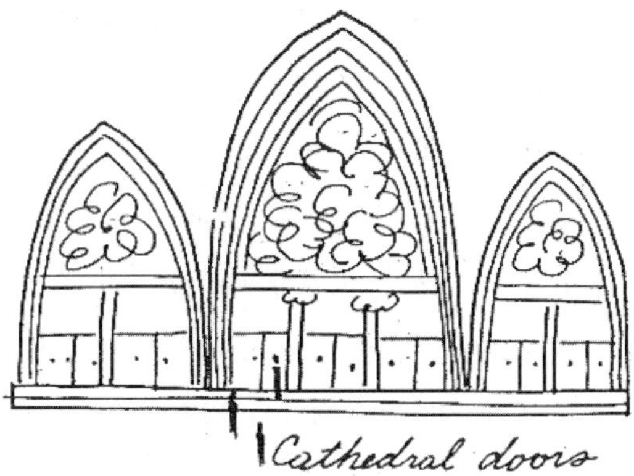

어느 면에서는 전형적인 사무소 건물의 인간 척도에 맞는 문은 같

은 의미를 전달한다. 거기에는 6,10,12줄의 문이 있다. 사람들은 서로 서로를 모른 채 안과 밖으로 들락날락한다. 그들은 대성당에서의 예배자들처럼 중요하지 않다. 건물상부에서 계속 들락날락하고 있는 것이다. 중요한 것은 – 이것이 다른 차이점인데 – 살아있는 존재로서 우리에게 어떤 특별한 태도를 취하지 않는 막연한 공간이다.[8] 그것은 우리가 어디에선가 쉽게 발견할 수 있는 비정하고 비인격적인 상업건축의 단면이다. 너무 많이 이야기하지 않는 것이 건축이고, 건축이 너무 많은 이야기하면 꽤나 실망하게 된다.

또 건축가는 문을 사용하여 시선이 향하게 하고 그리고 그가 원하는 곳에 관찰자의 주의를 향하게 한다. 왜냐하면 문은 이동방향을 제시하기 때문이다. "이곳을 지나가라." 그래서 비록 여러분이 이 문을 사용하지 않더라도 그러한 생각은 여러분의 마음속의 잠재하며 그에 대해 응답한다. 프로이드적인 정신 분석학으로 보면 이러한 반응은 어머니의 자궁으로부터 나오고 들어가는 입구로서 감정적인 중요성을 쉽게 연관 짓는다. 그것은 그렇다 치고, 여러분이 건물에 들어가던, 방에 들어가던, 떠나던지 하는 지점이 바로 문이라는 사실이다. 어느 경우이던 안에서 밖으로 또는 그 이외의 다른 방식으로 문을 통해서 변화한다. 그리고 여러분 자신의 피부가 느끼는 것처럼 간절하게 영향을 주지 않기 때문에 건축가가 여러분과 의사소통의 장치로 문을 사용할 때, 건축가는 여러분이 이해할 수 있는 언어로 말을 하고 있다. 만약 증거가 필요하면 그 증거로 여러분이 건물에서 입구를 찾지 못할 때, 또는 어딘가에 미궁에 빠졌을 경우 그리고 출구를 찾지 못할 때에 얼마나 괴로웠는지 한번 상기해 보아라.

그리고 우리가 언어에 대해 이야기 하는 한, 우리가 하는 대화 안

8) 대조적으로, 대성당에서 계속되는 것은 정서적으로 상당히 중요하다.

에 얼마나 많은 감정적이고 상징적인 단어로 문이라는 말을 가지고 있는지 생각해 보아라. '문은 어둡게 하지마라.' '여우가 문에 있다.' '나의 문은 늘 열려 있다.' '너의 모자가 여기 있다. 저기에는 문이 있다.' 막 결혼한 신부는 문을 통하여 들려 들어간다. 마구간 문은 늦게까지 잠겨 있다. 미스테리 스릴러 영화 속에서 문이 삐걱거린다. "열려라 참깨!" 주인공이 소리를 지르면 바위가 움직인다. 천 가지 조합, 천 가지 생각 – 서로 다른 사람 수 만큼이나 서로 다른 응답들. 물론 같은 시대 안의 같은 세대 사람들은 비슷한 응답과, 똑같은 요정 이야기를 듣고 또 같은 영화를 보게 될 것이다. 젊은 사람들은 다른 배경을 가지고 있기 때문에 늙은 사람과는 다르게 대응할 것이다. 그것이 다른 분야에서와 같이 왜 건축 안에서 세대차이가 있는가 하는 이유이다.

2

창문은 건축용어에서 또 다른 단어이다. 문과 창문에 대해서 어느 것을 더 많이 말해 왔는가. 둘 다 건축 설계에서 강한 영향력 있는 요소들이다. 왜냐하면 그것들은 인간의 행동들과의 연관된 것을 불러일으키기 때문이다. 문을 보면, 어떠한 방식으로든 그 곳을 통해 나가려는 생각을 만든다. 반면에 창문은 아니다.(여러분이 도둑이나 또는 자포자기한 증권 중개인이 아니라면) 오히려 창문은 바라보는 행위를 하게 한다. 이것은 여러 면에서 걷는 것 보다 더 뜻 깊은 감정적인 함축을 갖고 있다. 명백히 우리는 발보다는 눈으로 더 많은 것을 생각한다. 예를 들어, 다음과 같은 언어 안에서의 감각의 반응에 주목해라. '눈은 영혼의 창이다.' (꽤 시적이다 무엇 때문에 그러냐구요? 기다려 보시라.) '그 창을 통해 광대한 계곡 넘어를 바라본다.' '내 침실 창문은 안마당 쪽으로 향하고 있다.' 이것과 연관 지어 볼 때 눈이 그러하듯 창이 건물의 모습을 결정한다는 것은 의미심장하다.

전면의 외관을 보면 반대편 그리고 물론 측면도 유추해 볼 수 있다. 이 모든 것이 상상 속에서 이루어진다. 왜냐하면 건물이란 개념적으로 정면, 후면, 측면이 없는 중립의 집합체이기 때문이다. 자기 목적에 맞는 큰 바위를 찾는 개에게 이러한 개념은 존재하지 않는다. 완전히 다른 근거 위에서 사람과는 달리 개는 자기의 선택을 한다. 건축가는 인간을 위한 건축설계를 하기 때문에 그는 의인화의 방법을 사용한다. 그 의인화는 우리가 필연적으로 우리 환경의 모든 것에 사용할 수 있다. 그리고 노련하게 문과 창문을 배치함으로써 이쪽 또는 저쪽으로 향하고 있는 외관구조의 이미지를 주고 환영 또는 거절, 감명 또는 중요함 등의 감정을 준다.

중요한 것은 큰 창문은 큰 문 같은 역할을 한다는 사실을 간과해서는 안 된다. 창문의 중요성은 사용자에게 달려있다. 커다란 창문은 장엄한 전망을 가진 큰 방을 의미한다. 그러므로 거주자는 작은 창틀을 통해서 바라보는 사람보다 반드시 높은 지위와 위엄을 가진 사람이었다. 극단적인 예를 들면, 절대 권력자, 대통령, 장군 또는 록 스타가 커다란 아치 또는 창 하단이 있는 창 밖 발코니에 서 있다고 생각해 보라. 환호하는 군중에게 신비하고 위대한 이미지를 보낸다. 창은 물론 그런 역할을 한다. 유명인을 위해 작업하는 날, 건축가는 그들이 하고 있는 작업의 의미를 알고 있었다. 그리고 건축가를 고용한 유명인도 그들이 하고 있는 것을 알고 있다.

35m정도의 길이의 줄 창을 110층까지 반복하면 어떠할까? 사무실 건물 입구에 문이 띠를 이루고 있다면 시각적으로도 개인적으로도 중요해 보이지 않는다. 그래서 다시 한 번 더 우리는 건축에 대해 비인간적인 것에 같은 감정을 갖는다. 건축은 우리에게 신경을 쓰지 않으며 반대로 그 감정을 보낸다.

중요한 것을 강조하기 위해 갑작스럽게 작은 것을 큰 것 대신해 사용한다. 예를 들어, 한 조각의 보석이 있는 작은 쇼 윈도우는 그 보석이 큰 창에 전시된 보석보다 더 값비싼 것처럼 보인다. 또는 시골에 있는 여인숙의 다이아몬드 모양의 유리창은 따뜻함과 아늑함의 인상을 주는데, 아마 큰 창문 뒤에서 사람들이 먹고 가려운 곳을 긁는 광경을 쉽게 볼 수 있는 큰 창보다 작은 창을 훨씬 선호할지도 모른다. 간단히 말하면 Miss Katherine의 Kozy Kitchen에 큰 판유리 창문을 디자인 하는 건축가는 Bickford Cafeteria 전면에 작고 귀여운 유리병으로 된 창문을 붙인 것처럼 잘못된 것이다. 이러한 많은 종류의 표현기능들은 다른 건축적인 요소 즉, 지붕, 계단 난간, 그리고 기타 등등에 의해 이루어진다. 각각을 설명하기는 너무 양이 많고 너무 본저자만의 방식이란 생각이 든다. 건축가가 어떻게 솜씨 있게 자신의 단어를 사용하는가와 상관없이 그것은 그가 그 문제를 표현하는 전체 사고의 질이라고 말하는 것으로 충분하다. 만약 말해야 하는 것이 가치 있고 중요한 것이라면, 그 사용된 언어는 알맞은 것이다.

9장 건축가의 교육

The Education of the Architect

교육은 불필요한 정보로부터 자신을 보호하기 위해 배우는 과정이라고 표현된다. 왜냐하면 불필요한 정보 같은 것이 건축에는 없기 때문이다. 모든 건축가들은 자동적으로 자신들을 상당히 교육 받은 사람이라고 여긴다. 이러한 것은 편안한 착각이지만 인상적인 착각이라고 여겨져 왔다.

우리가 이미 보아왔듯이 최초의 건축가는 수준 있는 건설업의 최고 자리를 거쳐 나온 사람이고, 다른 사람들이 뜨거운 태양 아래 땀 흘릴 동안 집에 앉아 스케치를 하거나 와인을 마시고 또는 한가로이 거닐며 지시를 내리는 사람이다. 건축가들이 나이 들고 뚱뚱해질 때 많은 건축가들은 보다 지루하거나 고된 작업의 일부분을 도와줄 젊은 조수들을 채용하게 된다. 이렇게 도제시스템이 탄생하게 되었다. 당시 도제 시스템은 세대에서 세대로 전문가의 작업을 전수하는 분야에서는 누구나 선호하는 장치였다. 오늘날까지 도제 시스템은 건축가의 교육에 있어서 중요한 방법으로 자리 잡고 있다.

공인된 건축학교를 졸업한 아직 자격증도 없고 그들 자신을 건축가라 부를 수 없는 젊은이는 자격이 있는 건축가 또는 엔지니어 밑에서 3년 이상 일을 하거나(대부분의 미국 주안에서) 주 또는 국가시험에 통과해야한다. 이것은 학교 안에서 받는 이론상의 교육을 현장에서의 실용적인 경험에 의해 강화 된다는 것을 의미한다. 실제로 그것은 의료전문직에서 이용하는 인턴쉽 시스템과 매우 비슷하다. 그들의 부모나 가장 기뻐할 일이고 그들의 첫 번째 환자에게는 기뻐할 일이 아니지만, 경험 없는 젊은 의사는 졸업하자마자 바로 시험이나 면허를 받는다는 것을 제외하면 거의 유사하다.

물론 도제시스템의 성공 또는 실패는 젊은 건축가가 들어가는 사무실의 질과 고용주가 그의 시간 또는 에너지를 가르치고자 하는데 얼마나 투자하려는가 하는 의지에 달려있다. 여기엔 위험요소가 포함되어있다. 아주 일상적으로 건축가는 자신을 천재라고 생각하고 문하생과 같은 젊은 학생을 훈련생이라 생각한다. 거의 종교적인 열정으로 문하생이 만들어내는 것은 그 건축가의 미미한 복제품이다.1) 반대의 경우는 사무소 건축을 전문적으로 하는 회사가 상업적일 때 위험이 일어난다. 젊은 건축가는 머지않아 합동 작업 안에서 많은 훈련으로 인해 그의 창조적인 자유가 감소된 것을 발견하게 된다. 도제 시스템의 가장 좋은 방법은 다양한 일을 하는 작은 사무실에서 경험 있고 자신만만하고 상냥한 건축가 밑에서 일을 배우는 것이다. 하지만 자만에 빠져있는 건축가 아래에서는 아니다. 불행하게도 상업적으로 회사들이 점점 커지고 비상한 재능을 가진 사람들이 증가함에 따라 그런 근무처는 점차 찾기 어렵다.

도제 시스템은 18세기~19세기 동안에 우리가 여기서 부르는 신사건축가(Gentleman-Architect)에 의해 증가되었다. 특히 영국에서, 상류계급의 자손들이 육군, 해군, 정부관리 또는 성직자 같은 직업을 선택하기 전에 일 년 또는 그 이상을 동안 대륙 여행하는 것은 전통이었다. 만약 계급이 충분히 높은 상위계급인 경우 젊은 남자는 선택할 필요가 없이 시골의 대 지주, 또는 영주가 될 수 있다.

놀랄 만큼 이 남자들은 재능이 있었다. 그들 중에는 훌륭한 시인들

1) Frank Lloyd Wright와 Mies Van Der Rohe 등

과 예술가들이 많이 있다. 그들은 여행 스케치와 이탈리아식 빌라, 그리스사원, 르네상스 궁전 등을 묘사한 글들을 집으로 가져왔다. 만약 우리가 그 시대의 작가들을 믿는 것 이상으로 그들이 친척, 친구들에게 전시하는 작품들은 특히 아름답고 매력적인 나이 대에 있는 많은 어린 숙녀들로부터 "오", "아" 하는 많은 감탄들을 받았다.

몇몇의 가족 또는 친구들이 결혼을 하여 새로운 저택을 건축하고자 할 때가 자연스럽게 일어났다. 그는 전에 본 스케치를 상기하고는 젊은 예술가에게 베네치아식 궁전을 디자인하도록 부탁하곤 했다. 그 궁전은 운하대신 마차길, 마구간이 많고, 개집, 크로켓경기장이 있는 베네치아풍의 궁전이었다. 만약 이런 여행을 통해 얻은 설계안이 좋다고 판명되면 젊은 예술가는 많은 설계비를 받곤 했다. 그러나 자기 자신이 충분히 성장하고 전문적인 직업을 수행하는 건축가라는 것을 나중에서야 깨닫게 된다. 그는 기술적인 훈련이 필요하지 않다. 왜냐하면 건축적인 지식이 있는 건축 기능인이 충분히 있었기 때문이다.[2)]

신사 건축가의의 전통은 현재까지 존재한다. 만약 여러분이 사랑 이야기가 적힌 어떤 여성잡지를 읽고 있다면 여러분은 거기서 건축가가 영웅으로 나타나는 것을 자주 볼 수 있다. 건축가를 영웅으로 만듦으로써 작가는 그가 상류계급이라는 것을 제시할 수 있다. 그러나 게으른 바람둥이는 아니다. 그는 예술적이고 감성적이며 흐트러진 머리 한 움큼과 약간 삐딱한 웃음을 하고 항상 꾸부정하고 변변치 못한 그림쟁이가 아니라 실천적인 사람이다. 그리고 그는 필연적으로 부유한 사람과 관계가 있다. 왜냐하면 건축주들은 돈을 갖고 있는 경향이 있기 때문이다.

---

2) '신사'는 비즈니스나 교역에 관여하지 않는다. 이런 각도에서 보면 건축은 요트처럼 취미 이상의 무엇이다.

20세기 들어오면서 건축은 사실 엄하고, 전문적이고 수년간의 훈련이 필요하고, 노력해야하고, 꾸준하고 어려운 작업을 장기간 계속해야 하는 것이 요구되는 학문이다. 그렇게 생각하지 못한 학생은 1학년이 지난 후(학과장의 요구로) 전과를 하게 된다. 전과 그것은 공부하는데 쉬운 과로의 전과를 말한다.

이러한 사실과 관련하여 학교문제를 언급해 보자. 19세기 후반과 20세기 초에서야 비로써 건축가는 수습생일 때 배운 미학의 비례와 신고전주의 장식의 신비법보다 더 많은 것을 다루는 방법을 알아야 한다는 것은 분명해졌다. 산업혁명은 모든 것을 변화시켰다. Christopher Wren 시대, Inigo Jones 심지어 Richardson 과 Stanford White의 시대는 끝났다. 그리고 앞으로 건축가는 강철과 콘크리트 골조 공사, 진보된 기계장치, 건축비용과 건축 설비, 전기의 회로 등의 복잡한 것들을 다뤄야만 한다. 신사 건축가가 사라짐과 함께 건축주들이 많은 자료를 갖고 있고 자신들에게 많은 시간을 투자하도록 재촉하는 시대가 사라져갔다. 건축학교는 건물을 아름답게 그리고 표현하는 보자르 예술 건축에 크게 의존하고 있었는데 건축자재 공사법, 수도, 난방, 공기조절장치 계약서와 시방서 쓰기 같이 그들이 이전에는 경멸해왔던 과제들을 가르쳐야했다.3)

전형적인 건축학교에서의 교과과정은 기술적인 과정과 디자인 작업과 함께 건축 역사와 이론을 겸비하는 4년제 대학으로 이루어져 있는 전문적 학위에 이른다. 이 과정을 거친 다음에 등록된 건축가아래서 3년간의 수습기간 후에 주 또는 국가시험을 볼 수 있다. 이 과정은

---

3) 이러한 발전은 건축에서의 기본적인 여러 과제를 익히고 제도실을 통해 다시 한 번 아래로부터 단계를 밟아 건축가가 될 수 있음을 의미했다. 어쨌든 신사적인 전통, 혹은 적어도 신사 건축가의후광은 지속되고 있다.

지원자가 떨어지거나 만약 실패할 경우 어느 한 과목을 다시 시험 본다면 몇 번의 기회가 더 주어질 수도 있다. 몇 번 시험을 본다고 해서 불명예는 없다. 이름 있는 건축가 중에서도 한번 이상 낙방한 적이 있는 건축가가 있다. 한 가지 이유 또는 다른 이유(돈이 없거나 이른 결혼 등)로 인해 전일제 수업에 참여할 수 없는 사람들 즉 건축가를 위해 제도사로 낮에 일하는 사람은 저녁에 2~3개 교과수업이 가능했다. 그것은 일반적으로 12년이 걸리고 가족과의 생활에 지장을 주고 건강을 해칠 수 있다. 그러나 만약 마지막에 시험에 통과하고 누군가 그에게 설계를 부탁한다면 집을 이제는 설계할 자격이 있다.

물론 학교는 건축 학문의 다양한 측면 중에서 그들이 강조하는 바에 따라 변화한다. 개략적으로 그것들은 세 카테고리로 나누어져 있다.

1. **전통적 학교**. 대다수의 학교들은 다소 전통적이다. 이런 종류의 학교들은 건축 디자인에 대한 보조로서 기술적인 것과 이론적인 과정을 적용함으로서 디자인 작업 방법을 강조한다. 기술적인 교육은 2차적인 문제라는 사실로 인해 이런 보조과정은 주목을 받지 못한다는 위험이 있다. 그리고 제대로 가르치지 않는다면 좋은 교수들을 확보하지 못한다. 이에 반하여 디자인을 너무 지나치게 강조하여 종이위에 계획상 아주 훌륭한 많은 건축가들을 만들어내지만 건물이 지어질 때 항상 그렇게 잘되는 것은 아니다. 그럼에도 불구하고 건축이 디자인이라는 점을 고려하면 전부 나쁘다고만 주장하는 것도 힘든 일이다.

2. **바우하우스**. 적은 수의 학교들이 바우하우스 접근법이라 불리는 방법을 택한다. 건축의 가르침과 수련과정에서 혁명을 일으킨 독일학교로 유명한 바우하우스는 중요한 건축적인 재능의 성적뿐만 아니라

기능주의와 구조표현의 정직함을 새로운 개념으로 우리에게 준다. 이 시스템으로 인해(자주 그렇게 번역되지만) 학생들은 건축 재료들을 확실히 친근하게 느낄 때까지 디자인을 하지 않는다. 그들은 시멘트 섞기, 벽돌로 벽을 세우는 것과 돌을 조각 하는 것, 그리고 이런 물질들을 분명하고 정확한 방법으로 사용할 수 있을 때가지 경험을 통해 배우게 된다. 그 시스템의 이론적인 기초는절대적으로 종교적이 되고 교사나 지도자는 제2의(또는 중요한)신이 된다.[4] 사실상 이런 특별한 현상은 보자르 시대에는 있었는데 그 때 학생들은 강의를 들으러 학교에 왔지만 서로 다른 아뜰리에에서 실제작업과 디자인을 했다. 이 경우 지도교수의 지나친 과찬은 다른 아뜰리에와 다른 지도교수간의 경쟁적 압박으로 혼란스럽다.

3. **커뮤니티**. 상당히 드문 세 번째 타입의 학교는 건축이 경제학, 환경 그리고 도시계획과 함께 인류의 전반적인 사회학적인 과정의 일부분이 될 수 있다 라는 것을 느끼는 학교이다. 이런 관점에서 볼 때 개인건물의 디자인은 전체적으로 커뮤니티와의 관계만이 고려될 지도 모른다. 왜냐하면 사실 건물의 기능이 그렇기 때문이다. 그러므로 이 학교는 디자인에 대한 배경으로 도시 연구와 관련된 종류의 정보수집, 수입 수준, 고용, 교통 기타 등등을 강조한다. 이 경우 위험성은 어느 경우도 있는 위험성이지만 배경이 도형으로 변하는 경향이 있는 것이다. 학생은 통계적인 보고서나 통계치를 모으는 것을 배우나 오히려 변변치 못한 건축적 디자인을 내놓는다.

어떤 학교들은 세 가지 건축적 교육의 균형적인 성과를 이루려는 노력을 해왔다. 이 시점에서 그들의 성공 또는 실패를 판단하는 것은 너무 이르다. 모든 방법은 장점과 단점을 갖는다. 젊은 건축가는 자기

---

4) 이러한 위험성은 도제 시스템과 함께 오는 지나친 아첨 같은 변형 형태이다.

나름의 선택을 하게 되고 만약 운이 좋다면 젊은 건축가는 개업 초기에 학교가 그에게 주지 못했던 무엇이든 이룰 수 있을 것이다. 최근 교육 현장에 하나의 교육 시스템으로 나타났지만 여기서 정식으로 언급되지 않은 학교의 또 다른 형식으로는 건축공학기술 또는 공학적인 건축의 졸업생을 배출하는 학교이다. 어떤 형태의 학교든지 대부분 학교 관리 당국에 요구해 왔다. 이름이 암시하듯이 여기서는 기술과 미학을 동등하게 적용하여 보편적인 건축 전문가를 길러내는 것이다. 이러한 혼합형태가 타당한 것인지 바람직한 것인지는 차치해 놓고 이러한 불확실한 교육적 접근의 평가는 현재까지도 유보되어있다.

10장 건축적인 기질

The Architectural Temperament

건축가가 된다는 것은 어떤 면에서 성직자가 되는 것과 같다.
건축가에 대한 보상이 있다면 상당 부분은 정신적인 것이다.

건축가가 되려면 여러 특성의 조합이 요구된다. 그것들 중 어느 것은 첫눈에 보아도 모순된다. – 그리고 다시 보면 더욱 심할지도 모른다. 한편 건축가는 어떻게 물체가 작동하는지, 어떻게 그 물체를 만들 수 있는지에 매혹되어 있는 사람이어야 한다. 이 의미는 기계를 수리하거나 발명하는 것이 아니고 원하는 결과물을 생산하기 위한 시간과 공간이란 요소를 조직하는데 있다.[1] 반면에 미학, 제도 그리고 그림 그리는 능력, 시각적인 예술에서 평균 이상의 감각을 지녀야만 한다. 그렇지 않으면 그는 차라리 약학을 배우는 것이 좋다. 그리고 다른 사람에게 윈도우 디스플레이 디자인을 하게 하는 편이 낫다.

건축가는 경제적이나 구조적인 실현성이 있는 것인지 현실적인 고려를 해야만 한다. – 기계를 좋아하는 사람이나 예술가 둘 중 누구 하나도 통상적으로 깊은 관심을 갖는 이러한 문제들 – 게다가 통찰력 있는 인도주의자가 되어야 한다. 왜냐하면 이미 강조 하였던 것처

1) 2차 세계대전 기간 동안에 건축가들은 자재들의 흐름에 대한 관리를 잘 한다고 생각되었다.

럼 그가 만든 건물 속에서 동료들이 살고 사랑하며 번창하고 고통 받으며 죽는 환경이기 때문이다. 그가 관심 갖는 것을 이해하기 충분한 사회학자가 되어야 하고 돌보기에 충분하고 위험을 무릎 쓸 정도로 용감해야 하며 신념에 따라 살아가는 사람이어야 한다.

꽤나 괜찮은 사람

우리는 이상적인 건축가를 말하고 있는데 한 부류는 각 건축가가 그렇다고 생각하며, 한 부류는 어느 누구도 그렇게 생각 하지 않거나 쉽게 될 수 없는 부류이다. 건축가들도 다른 사람처럼 다양하고 어느 정도 이러한 면을 공유하고 있어야 하며 예술적이거나 실용적이거나 인간적인 면 모두 동일할 수는 없다. 그러나 이것을 인정한다면 20세기후반 건축가들을 일반적인 4가지 카테고리로 나누어 볼 수 있다.

1. **훌륭한 예술 애호가**. 우리는 이 사나이를 안다. 그에게 건축은 아름다운 물체의 창조를 의미한다. 또 다른 말로하면 아름다운 영혼의 표현이다. 그는 독특한 양식에 집착하는 경향이 있어서 모든 것을 삐딱한 시각으로 보는 경향이 있다. 그는 부드럽게 판매를 잘하는 대가이며 양식을 잘 만들어내기 때문에 두말할 필요 없이 큰 성공을 이룬다. 왜냐하면 그의 작품은 실제로 매우 아름답기 때문이다. 더욱 망가지기 쉬운 우리시대 문화의 보존과 향상에 그는 중요하고 가치 있는 요소이다. 그는 부족한 현실성과 인본주의적인 것을 취양과 감성으로 치장한다. 이러한 건축가는 18~19세기 신사 건축가의 직후손이라는 것을 알아야 한다.

2. 비즈니스형. 건축가는 훌륭하고 끈기 있고 공동체에서 존경받는 구성원이다. 그는 천재도 아니고 눈에 띄는 사람도 아니다. 그러나 그는 철저히 신뢰할 수 있는 장인이다. 무엇보다도 그는 재주가 있고 그 재주는 별로 감독하지 않아도 될 정도로 신뢰할 수 있는 직원을 잘 채용하는 것이다. 사실 직원들은 특별한 분야 즉 상세도, 시방서 작성, 일머리 등에서 상사를 능가하기도 하며 이러한 이유가 그 건축가로 하여금 그러한 작업에서 해방되어 전체 조직을 유지해나가고 설계수임과 책임을 할당하는데 신경을 쓰도록 해준다. 필연적으로 이런 사무실형태는 사무소 건축, 병원, 호텔 등과 같은 설계를 전문화한다. 왜냐하면 큰돈과 관계된 큰일은 자신의 회사를 유지하는데 필요하기 때문이다. 우두머리인 비즈니스형 건축가는 전통적인 건축가의 이미지라기보다는 큰 회사의 관리자 같다. 그는 사람들을 좋아하는 것처럼 보이며 다른 사람처럼 생활하고 다른 사람처럼 생각한다. 그것이 그의 건축주인 큰 회사의 고위직과 어떻게 사이좋게 지내는가 하는 이유이다. 여러분이 이러한 회사에서 설계는 모습이나 많은 건축 설계를 컴퓨터로 처리한 것을 보게 되면 그렇게 놀라울 만한 것은 아니다. 우리는 전산화 된 시대에 살고 있다. 컴퓨터를 멀리 하지 않고 가까이해야 한다면 여러분은 과감히 컴퓨터를 다루는 편이 좋다.

사소한 내용 추가: 사업형 건축가는 가장 많은 돈을 번 사람이고 야망 있는 부인과 어머니가 있는 젊고 야망 있는 건축가의 모델이다.

3. G.P.(General Practice) 건축가. 물론 일반적 건축가를 상징한다. 의학 전문가에 쓰이는 용어와 같이 전문화되지 않은 누군가를 의미한다. 그러나 각각의 경우마다 다르다. 옛날 가정의가 바로 G.P. 이었다. 그리고 그들은 어떤 중요한 필요충분조건을 만족시켰다. 현대의학

의 현실에서 G.P.는 빠르게 사라지고 있고 많은 의사들이 돈벌이와 여유있는 삶을 우선적으로 선택한다고 듣고 있다. 건축에도 이런 일들이 발생하고 있다. 지역의 건축가는 – 메인 거리(Main Street) 혹은 메이플 가(Maple Avenue)에서 일하는 – 무덤까지 무엇이든 만들어 주고 있는데 이제 그들은 점차 보기 어려워져 가고 있다. 이런 건축가를 만나게 되면 그는 젊은 건축가이며 막 사무소를 시작한 사람들이 그렇듯이 설계 할 수 있는 어떤 것이든지 다 선택하며 그렇게 하면서 그는 경험이 풍부한 사람으로 늙는다면 보다 작은 재능을 갖고 일하는 것에 만족하며 큰 야망을 품지 않는다. 더 큰 경쟁은 원치 않는다. 언급하기도 슬프지만 그는 매일 개발업자와 상점계획, 공장증축과 또 다른 별로 내키지 않는 프로젝트를 위해 수많은 계획안을 그려내면서 연필을 소모하는 일꾼이다. 우리는 이러한 건축가에 대한이야기를 그와 우리 자신을 위해서 못 본체 하는 것이 좋겠다. 그러나 자주 일어나지 않지만 운 좋게도 이러한 건축가 중에서도 천부적 재능을 가진 건축가를 만나는 일이다. 그 건축가는 다양한 설계건으로 끊임없이 도전적으로 일을 자유롭게 선택하며, 전문화와 조직 분화로 인해 필연적으로 일어나는 창의성이 없어지는 것을 두려워한다. 이러한 건축가를 운 좋게 만난 건축주는 심히 부러움의 대상이 된다. 그는 이름 있는 건축가를 만났다고 자랑하지 않지만 그 건축주는 보석같은 건축물을 가질 수 있다.2)

4. 이단자. 왜 혹은 어디에서부터 이전의 건축 형태와 맞지 않는 자

2) G.P 건축가는 개발도상 국가에서 자주 중요히 여기는 경향이 있다. 그 개발 도상 국가는 모든 종류의 건물에 대한 수요로 인해 실제적 모든 건축가를 G.P 건축가화 하도록 한다.

기만의 독창적인 욕구로 설계하는 건축가가 나왔는지 아무도 모른다. 그는 적당히 공상가라고 불릴지도 모른다. 왜냐하면 그의 아이디어가 이유 있는 개념보다는 공상적인 것처럼 보이기 때문에, 그리고 성직자가 성스러운 신이 주는 메시지를 부정하는 것처럼 그도 이상적인 개념을 뒤집는다. 이러한 건축가나 성직자가 그 문제에 대해서 의심받지 않는다고 말하는 것은 아니다. 반면에 이러한 경향을 추구함으로써 생기는 불면증, 고통 그리고 영혼 탐색에 대한 열정은 시인, 예언자, 성자의 생에 대한 어떤 역사 기록만큼이나 예사롭지 않다. 현시대 우리는 앞서 몇몇 사람들 Wright, Fuller, Mies, Le Corbusier 들과 같은 사람을 보았다. 적어도 세계에서 인정해 주지 않고 공상가나 괴짜라고 낙인찍힌 한 이단적인 건축가들은 불행히도 거의 실패했다.

그들의 구조적인 표현이나 형태가 너무 확연해서 평범한 사람도 그것을 알아차릴 수 있는 건축적인 특색이 있다. 신사적인 심미주의 건축가나 사업적 건축가는 좌익적인 경향을 갖고 있지 않다. 이 두 경향의 건축가는 있는 그대로 세상과 잘 어울리고 있으며 사실 그들의 성공은 주로 큰 변화 없이 세상을 있는 그대로 유지하는데 있다. 우리들은 그들을 평온하고 고요하며 아마도 하찮은 건축가들이라고 부를 지도 모른다. 어느 쪽도 비평하기 쉽지 않다. – 신사적인 심미 건축가를 비평하는 자는 모두 야비한 녀석이며 반면 사업적인 건축가는 흠잡는 말에 그의 일의 규모를 이야기하며 웅변한다.

이제 이 말의 요점은 건축강의 개인적인 특성과 태도는 그들의 건축에 나타난다는 것이다.

간단히 말하면 세계는 세상의 큰 흐름에 동조하는 사람에 의해 대부분 건축되고 있다. 그들은 있는 그대로를 따르기를 좋아하며 변화를 원하지 않는다. 오늘날의 건축에 젊은이들이 일반적으로 불만족하게 생각하는 것은 심미적인 불일치에서 뿐만 아니라 철학이 부재하는 건축 때문이라고 생각하기 쉽다.

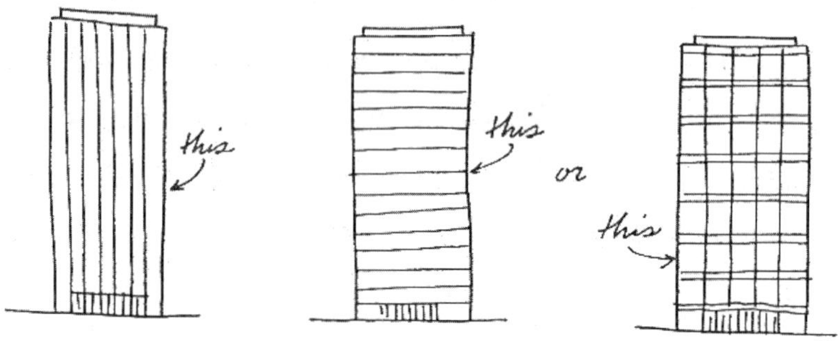

Architects content with the world

젊은이들은 물론 전부는 아니지만 급진적인 사람들이다. 그들은 새롭고 더 좋은 세상을 원하며 도심의 일반적인 사무소 건물을 설계한 사람으로부터 도움을 받지 않고 직관적으로 느끼려는 것처럼 보인다. 은행의 정면에 던진 폭탄이 은행이라는 기관 하나만을 향한 것이 아니라 어떤 면에서는 건축이라는 것을 향한 것인지도 알 수 없다.

G.P. 즉 일반 건축가는 항상 똑같은 일을 하는 그저 그런 건축가가 아니라면, 때때로 그의 작업 안에서 실험적인 것을 보여 주려고 노력할지도 모른다. 매번 새로운 형태의 설계를 맡는다는 계속적인 자극이 그가 항상 노력하게 하는 큰 요인이다. 그렇지만 그 많은 설계를 의뢰하는 건축주가 결코 그렇게 큰 회사 수준이 아니라는 사실이다. 그 건축주들은 개인이거나 혹은 작은 회사들인데 그들의 요구는 아마도 큰 건축사무실이 부딪히는 것보다 훨씬 융통성 있게 운영할 수 있다. 진실 하고 열성적이기 때문에 G.P.를 건축주들이 선택하는데 우리

는 종종 정말 아름다움과 독창성 있는 작품을 보기도 한다. 그의 작업을 방해하는 것은 2가지 있다. 1) 이름난 건축가가 아니라서 그의 아이디어는 쉽게 건축주나 건축주의 아내에 의해 거부되기 쉽다. 2) 대개 G.P.는 자신의 지역 공동체에서 일을 계속하고 싶어 하며 너무 터무니없다고 생각되는 어느 것도 하기 싫어한다. 아직 우리시대의 최고의 건축의 많은 부분, 특히 국내에서 그리고 상대적으로 작은 수의 작품이 G.P. 건축가에게서 나온다. 소규모 공동체 건물, 종합의료시설, 학교, 도서관 등등에서 우아하고 개인적인 독특한 설계로 작품을 만들어내고 있다.

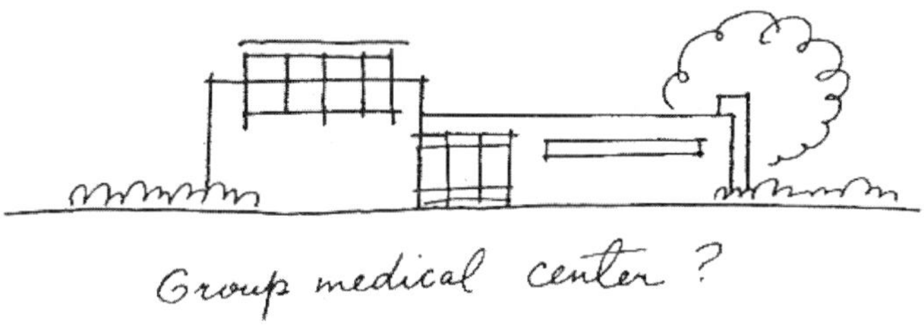

건축가의 태도는 그의 작품에 나타난다. 그의 작품은 개인적인 성명서이다. 세상에는 좋은 것도 있고, 나쁜 것도 있다. 만약 자신의 작은 분야에서 훌륭한 공헌을 할 수만 있다면, 조금 사소한 일이라도 더 좋게 만들 수만 있으면, 그는 만족한다. 그는 세계의 병을 치료하기 위해 밖으로 나오는 것이 아니다. 그가 원하는 것은 조금 아픈 부분에 치료용 연고를 바르는 것이다.

이단자는 완전히 다른 또 다른 사람이다. 세상에 대한 그의 불만은 전체이다. 그는 건축 모습이 아니라 건축의 영혼을 바꿔놓고 싶어 한다. 그는 모든 사람이 그가 옳다고 동의 할 때야 비로소 만족한다. 간단히 말해 그는 결코 만족하지 못한다. 동시에 그는 일부분 예술가,

일부분 예언자, 일부분 선교사로서 왕성하게 활동한다. 그의 지적인 열정은 격렬한 감정표출과 격정적인 자만심의 솥과 같다. 비평가는 경멸대상도 아니다. 오직 숭배만이 받아들여진다. 그러므로 왜 그의 건물이 항상 논쟁거리 일까가 분명해진다. 그의 건물은 그가 그러하듯이 이해하기가 쉽지 않다. 그 건물들은 판단하기가 쉽지 않다. 왜냐하면 비교할만한 동일한 장르의 다른 건물이나 참고할만한 구조물이 드물기 때문이다. 효율에 관해서 또한 건물 기능의 개념이 과거에 우리가 알고 있었던 것과 너무 달라서 우리는 당황해 한다. 작지만 오해할만한 실 예: 구겐하임 박물관에서 Frank Lloyd Wright는 박물관의 기능을 예술작품을 보는 기능뿐 만아니라(실제로는 아마도 더 중요하겠지만)그 작품을 전시하는 건물만을 경험하는 것도 예술이라는 생각을 가졌다. 흥미로운 공간을 통해 움직이며 경험하는 그러한 경향. "그럼 회화는 어떻게 하죠?" 예술가는 외쳤다. "그림이 먼저가 아니잖아요!" "그 그림이야 당신 문제죠" 하고 Wright 대답했다.

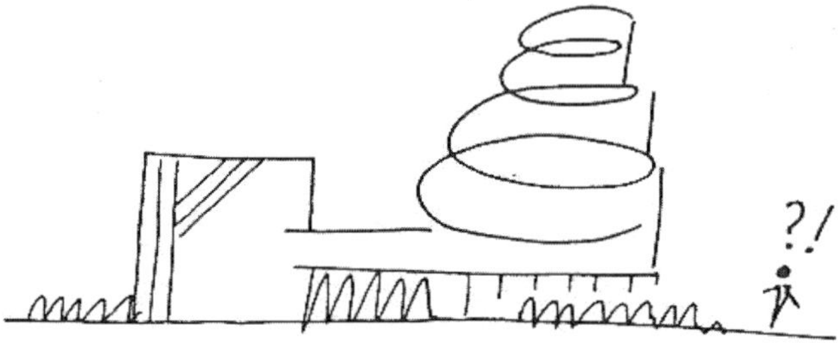

Design by a rebel

이단자는 다음의 2 가지중 하나다. 첫 번째는 그에 관해 책이 쓰였다는 것과 그리고 두 번째는 그는 종종 실직 상태이었다는 것이다.

11장 윤리와 도덕적 선택

Ethics and Moral Choices

사람은 법이나 도덕에 의해 도움을 받을 수 없는 행동에 관한 규정을 발전시키고자 할 때
사람들은 이것을 '윤리'라고 고상하게 만든다.

1

자신의 커뮤니티에서 건축가로 활동하는 건축가의 경우, 고객, 계약자, 그리고 다른 건축가들과 관계를 맺기 위해서는 관련된 사람들이 상호 동의하는 일정 패턴의 책임감과 자제력이 요구된다. 그래야 각각 건축설계 의뢰인에게서 무엇을 기대해야 할지, 건축가에게서 무엇을 기대해야 할지 알 수 있을 것이다.

물론 여기에는 법적인 사항들이 있다. 가령 건축가는 적합한 면허와 등록 없이는 건축가로서 서비스를 제공하지 못한다. 고객이 그를 믿고 맡긴 자금을 가지고 도주하거나 오용하지 말아야 한다. 또 건축법에서 요구하는 사항들을 교묘히 피해가거나 건축 감독관들을 속임(혹은 매수함)으로써 대중의 안전을 위협하지 말아야 한다. 그런 종류의 사항은 법에 의해 잘 보호되고 있으며, 건축가가 그 법률을 이해하고 따르기만 하면 그와 관련해 문제에 직면하는 일은 없다. 건축가의 행동에 관한 모든 주제는, 무엇이 그가 하기에 '적절한' 것이며 어떤 것은 '부적절한' 것인가와 관련된 질문에 이르러서야 비로소 명확해진다.

예를 들어, 건축가는 광고를 못하도록 되어 있다. 만일 일요 신문에 '최고의 현대식 식민지풍 드라이브 인 빨래방을 위해서라면 건축가 J. Wilbur Jones를 찾으세요.' 라는 광고가 담겨 있다면, 여러분은 놀라게 될 것이다.[1] 물론, 광고 금지는 직접적으론 신사 건축가라는 오랜 전통에서 나온 것이다. 건축가는 거래되지 않으며 사업 대상이 아니다. 광고를 하는 것은 그의 존엄성을 훼손하는 것이다. 건축가는 그런 천박한 사고방식을 초월해 있는 존재이다. 하지만, 실제 현실에서는 규정을 위반하는 것으로 여겨지는 다양한 상황들이 발생할 것이다. 지붕 재료 제조업자는 최근에 자신의 상품을 이용해 지은 주요 건축물의 사진을 인쇄하는 것으로 자신의 상품을 광고한다. 건축가는 광고하지 않는다. 하지만 그는 광고되고 있다. 광고를 보는 사람들에게 그것은 큰 차이가 없다. 사람들은 그가 꽤 뛰어난 건축가라는 메시지를 전달받는다. 아니면 건축가가 자기 도시의 중심지역에 세울 새 쇼핑 몰을 디자인한다고 해보자. 그 도면과 사진이 신문에 나올 것이다. 이것이 광고일까? 기술적으로 말하자면, 그건 광고가 아니라 뉴스이다. 하지만 그것 또한 홍보를 하는 것이다. 홍보가 광고일까? 좋은 질문이다.

건축가가 하지 않게 되어 있는 또 다른 것은 건축 투기사업에서(대지의 소유주나 부분 소유주로서, 브로커나 브로커의 친척으로서, 그 건물 자재를 생산하는 회사의 투자가로서 등등) 금전적인 것에 관심을 갖지 않는 것이다. 그렇지 않으면 건축주에게 주는 그의 조언, 혹

---

1) 건축가 혼자만이 광고를 할 수 없는 것은 아니다. 여러분이 의사가 맹장 수술하는 비용을 광고하는 것을 본다면 아마도 놀랄 것이다.

은 건설업자에게 주는 그의 명령 등에 대한 이런저런 판단이 자기 이익을 위한 것이라는 오점을 남길 것이다. 그리고 건축가에게 공명정대는 필수적인 것이기 때문에, 프로젝트와 관련해 무엇이든 막론하고 금전적인데 관심을 두어서는 안 된다. 물론 자신의 설계비는 제외하고 말이다.2)

물론 이 금지사항은 떳떳하게 따르기가 거의 불가능할 수 있다. 건축가가 부동산 브로커의 딸과 결혼한다면 어떻겠는가? 혹은 벽돌 제조업자의 딸과? 만일 숙모가 돌아가시면서 그에게 미국의 시멘트 공장의 주식을 남겨준다면 어떨까? 만일 미국 철강업체 US STEEL에 투자한 뮤추얼 펀드를 소유하고 있다면? 그런 연루에서 벗어나면 쉽게 일에 전념할 수 있는데 그렇지 못하면 늘 건축에 쏟을 수 있는 시간은 저녁 한 30분 정도밖에 안 남을지도 모른다. 하지만, 현실적이든 아니든, 원칙은 존재한다. 최대한 가능한 한 건축가는 개인적 이득에 대한 생각과는 분리된 판단을 지켜나가야 한다.

다음으로, 건축가가 다른 건축가에게서 일을 수임하는 것은 비윤리적인 행동이다. 이런 종류의 일은 나름대로의 신의를 지킬 줄 아는 소매치기꾼들에게 조차 분명 저질스럽고 인상 찌푸리게 할 만한 행동이다. 고객이 자신이 고용한 건축가의 작업에 만족하지 못할 경우, 건축주는 건축가에게 설계비를 지불하고 그의 포기각서를 받은 연후에, 다른 건축가의 자문을 받을 것이다. 그 후 건축가는 동료의 작업에 대해 비평을 늘어놓지 않는다. 이는 그(비판한 사람)가 그 작업을 맡는다면 훨씬 더 잘할 것이라는 뜻으로 해석될 수 있기 때문이다.3) 게다가, 그 건축가를 깎아내리는 것은, 하나가 안 좋으면 다른 이들도

2) 이러한 광고 금지는 다른 나라에서는 적용되지 않을 수도 있다. 라틴 아메리카의 경우 건축가는 도급자나 건설업자 역할을 할 수 있다.

3) 이것은 학문적으로 면죄부를 받고 있는 교수나 작가에게는 해당되지 않는다.

마찬가지로 그리 뛰어날 것이 없기 때문에, 건축가들 전체의 전문성을 오해하게 한다는 보편적인 감정이 있다. 그래서 건축가의 친구가 건축가에게 자신의 새 집을 위한 계획을 검토해 줄 것을 부탁하면, 건축가는 대개 지금은 안경을 가지고 있지 않다고 하거나, 아니면 들릴락말락한 목소리로 "음, 으음, 알았어."라고 얼버무릴 것이다.

중요한 윤리적 규칙들 가운데 마지막은 수임료 규칙이다. 만일 여러분을 고용하고 싶어 안달이 나서 설계비는 어때도 좋다는 고객이 있다면, 내키는 대로 비용을 청구할 수는 있다. 하지만 정해져 있는 최소 시세 이하로 부과하지는 말아야 한다. 만일 그렇게 한다면, 여러분은 동료들의 수임료를 끌어내리게 될 것이고, 이는 해서는 안 되는 행동이다. (같은 분야에서 이는 가격 담합, 혹은 거래 제한 공모라 불릴 것이다. 물론, 노동 시장에서 최소요율은 가장 이상적인 것을 성취하고자하는 싸움으로 얻어진다. 확실히, 건축가들은 그 사이 어디쯤에 있다.) 확정된 요율은 작업의 종류에 따라 달라진다. 사실, 그 설계요율이 너무 낮게 설계 수임료를 책정하는 건축가는 사무실 운영비조차 제대로 대기 힘겹다는 것을 절감할 것이다. 이러한 요율의 전체 목록이나 건축 윤리에 대한 흥미로운 연구들은 미국 건축가 협회가 출판한 <건축실무 핸드북>을 참조하라. 물론, 법에 따라 가장 낮은 금액으로 쇼핑하는 성스러운 권리가 소비자들에게 전적으로 보장되어 있고, 건축주는 꽤 자유롭게 가능한 한 자기 나름대로 최선의 제안을 채택할 수 있다. 이러한 이유가 정확히 왜 이 사안이 '건축 윤리'에 해당되는가이다.

2

도덕은 완전히 다른 일이다. 여기에서 우리는 건축가가 어떻게 동료들을 대우해야 하는가, 사회에 대한 궁극적인 책임은 무엇인가, 그리고 무엇보다 가장 중요한 사항-어떻게 자기 존중감을 성취하고 유지할 것인가라는 질문들에 부딪힌다. 짧게 말해, 윤리 문제를 논하는 데 있어서, 우리는 행위의 특정 측면들을 주목하지 않는다. 사람의 삶 전체 패턴만을 결정하고 있다. 정직, 배려, 신념, 그리고 인간주의에 대한 큰 문제들과 함께 말이다. 의사와 성직자를 제외하고 필시 여느 생활인과 마찬가지로 건축가는 자신의 사회를 해석하는 데 있어서, 그리고 또 풍요롭고 안전한 사회 환경을 제공하는 데 있어서, 동료들에게 깊이 영향을 미치는 결정들을 해야 한다.

이제 필연적으로 건축가에게는 무엇을 해야 하며 하지 말아야 하는가를 결정해야 할 상황이 온다. 그는 자신의 동료들에게 해를 미칠 것이 뻔한, 혹은 이 환경에 피해를 미칠 것이 뻔한 설계를 받아들이고 작업을 수행할까? 아니면 그것을 거절하고, 가족을 먹여 살려야 할 수입과 자신의 경력을 유보하게 될까? 다시 말해, 그는 '시합에 뛰어들까', 아니면 어떤 감각이 없는 건축가나 그 일을 채어가라고 코웃음을 칠까? 그가 어떤 결정을 내리든 간에, 아침에 일어나 거울 속의 제 모습을 바라보며 그는 어떤 생각을 할까?

이것이 바로 건축에서 도덕적 선택이라고 하는 것이다. 얼핏 보기엔 실제 상황이 닥치기 전까지는 누구도 정답을 알 수 없는 대단히 추상적인 문제 같지만, 그렇지 않다. 건축가가 스스로 깊이 생각하고 자신이 어떤 사람인지 결론을 내리기 전까지는 크든 작든 모든 선택, 그리고 모든 결정이 작게는 모순에 부닥치고 크게는 끔찍한 실수를 유발할 것이다. 요컨대 우리가 말하려 하는 것은, 건축 디자인의 모든 면이 그 건축가가 견지한 시각의 반영이라는 것이다. 만일 그 건축가가 자신의 관점에 대해 확신이 없다면, 그의 건축은 우울한 결과로 나타날 것이다.

그렇다면, 어떻게 자신의 관점이 어떠한지 알 수 있는 걸까? 누구나 짧은 생을 살고, 죽음을 맞는 침상에서 결론을 내리면, 사소하고 비현실적인 것일 지도 모르겠지만 아마도 몇 가지 사례를 살펴보는 것이 최선의 방법일 것이다.

아래의 설정들은 어디까지나 가상이므로, 실제 이 같은 방법으로 설계를 받은 건축가들은 당황하지 않는 것이 좋겠다. 하지만 아래 상황들은, 실제 건축가들이 이런 식으로 설계를 받아왔고, 설계를 해왔으며 건물이 지어져 온 만큼 다분히 현실적이다. 사례는 모두 4가지다; 이 사례들은 수년에 걸쳐 예비 건축학도, 건축을 전공하는 학생들, 그리고 실제 건축가들을 실험대상으로 했다. 도덕적 이슈에서 특히 경향이 강하게 나타나긴 했지만, 한 사례에 대한 이들의 대답은 무척 다양하다. 여러분들이 이들의 답한 결과를 보고 자신의 경우와 비교해보면서 흥미를 느끼거나 실제 상황을 상상해볼 지도 모르겠다.

사례 1. 여러분이 '나치' 국가의 건축가라 치자. 그런데 바라지 않는 인종을 제거할 목적의 건물을 디자인하라는 임무를 부여받았다. (다시 말하지만, 이는 단순한 가정이 아니라 실제 있었던 일이다) 전문적으로 말해, 이는 건축적으로는 흥미로운 문제다. 접수 시설, 분류실, 가스실, 화장터 등. 여기에서 미적 표현은 별다른 문제가 되지 않는다. 이 경우 여러분은 과도한 개인적 위험을 무릅쓰지 않고도 병 핑계를 대거나 다른 핑계를 대서 그 일을 모면할 수 있을 것이다. 어떻게 할 것인가? 그 임무를 수행할 것인가? 여러분이 하지 않으면, 다른 사람이 하게 될 것이다. 이건 여러분 문제다. 우린 열렬한 나치 주의자인 가상의 건축가에 대해 말하고 있는 것이 아니라 바로 여러분에 관해 이야기하고 있는 것이다. 여러분이라면 어떻게 하겠는가?

여러분이 비교해 볼 수 있게, 여기 평균적인 대답들을 제시한다.[4] 업을 하고 있는 건축가들의 경우, 60%는 그 일을 거절할 것이라고 말했고, 30%는 일을 수락한다. 나머지 10%는 뭘 해야 할 지 모르는 사람들이었다. 건축 전공 학생들의 경우, 80%는 그 일을 거절할 것이고, 15%는 수락할 것이며, 5%는 잘 모르겠다고 했다. 예비건축학도들의 경우, 94%가 일을 거절할 거라고 했고 2%는 수락할 거라고 했으며 4%는 잘 모르겠다고 했다. 여기서 나타난 경향은 분명하다. 실제 시험에 들지 않은 자들의 도덕성이 더 높다는 것이다. 실제 상황에 노출되는 횟수가 많으면 많을수록, 더 많은 개인이 예전에 한 말을 바꾸어, 피를 흘리는 대신 머리를 조아리는 편이 낫다는 것을 인정하게 될 것이다. 양심을 흐리는 것이 어쩌면 나이나 경험일 지도 모르겠다. 아니면 나이가 들수록 죄에 대한 자각이 덜 드는 것이거나.

사례 2. 이 경우는 좀 더 쉽고 이해하기 쉬운 사례이다. 여러분은 인종차별 정책을 실시하는 주 정부 또는 국가 소속(남아프리카나 로데지아, 아니면 미시시피주이거나)의 건축가다. 그런데 백인과 흑인 공간이 분리된 화장실, 구두 가게 등이 분리된 일종의 반공공적 건물 —말하자면, 백화점과 같은—을 지어달라는 의뢰를 받게 되었다. 여러

4) 여기나오는 숫자와 다음의 설명은 지난 10년 동안 콜럼비아 대학의 예비건축학도와 건축학도에게 질문한 결과이다. 실무 건축가에 대해서는 바에서 인터뷰하거나 모임 또는 학과 재회 때 이루어진 것으로 완전히 신뢰하기에는 어려움이 있다. 그럼에도 불구하고 꽤 성공적인 실험이었으며 받아들일 만하다고 본다.

분이라면 어떻게 할 것인가? 그 제안을 받아들이겠는가? 다시 말하지만, 우리는 열렬한 인종주의자인 가상의 건축가에 대해 이야기하는 것이 아니다(설사 여러분이 그렇다 할지라도!). 우리는 여러분에 관해 이야기하고 있는 것이다. 여러분이라면 어떻게 할 것인가?

여기에도 특기할 만한 사실이 있다. 전문 건축가들의 경우, 40%는 그 일을 거절한다고 답했으며, 39%는 수락할 것이라고 답했고, 21%는 잘 모르겠다고 답했다. 건축 전공 학생들의 경우 60%는 거절한다, 30%는 수락한다, 10%는 잘 모르겠다고 답했다. 여기서도 보다 이상주의적으로 나타난 예비 건축학도들의 경우, 81%는 거절한다고 답했고, 12%는 수락한다고, 나머지 7%는 잘 모르겠다고 답했다.[5] 각 그룹에서 한 명이나 두 명 정도는 인종 차별 정책 지지자였으며, 원칙에 따라 직업을 수행한다는 사실에 만족했다. 놀라운 답변 중 하나는 그 일을 수락해 차별 공간을 만들되, 흑인들의 공간을 백인들을 위한 공간보다 훨씬 더 좋게 만들어 백인들 스스로 그 장벽을 극복하도록 하겠다는 답변이었다. 하지만 누군가 지적했듯, 이는 변화가 실행되었을 때에나 나타날 수 있는 결과에 불과하다.

사례 3. 역시 선례들보다 쉽고, 이해하기 쉬운 사례이다. 한 보험회사가 주택 프로젝트를 건축할 계획을 세우고 있는데, 이 분야에 정통한 여러분에게 설계를 제의한다. 하지만 정통한 전문가로서, 여러분은 그 지역 인구밀도(1 에이커당 인구 수)를 잘 알고 있으며, 그들의 요구조건이 사실상 까다롭다는 것도 알고 있다. 인구 밀집이 후두염, 고혈압, 위궤양, 그리고 성 장애 등 심인성 문제의 직접적 원인이 된다

5) 첫 번째와 똑같이 수용하는 것에 대하여 가장 빈번하게 내세운 이유는 ‘ 내가 하지 않으면 다른 사람이 한다.’ 라는 것이었다.

는 사실이 과학적으로 입증되었다. 이는 범죄, 공격성, 적대감, 정신이상, 그리고 무기력감 같은 사회 병리를 야기하기도 한다. 실제로, 이러한 문제점들의 증가율은 '부유한' 환경보다 슬럼가에서 더 높이 치솟고 있다. 그렇기 때문에, 적절한 수보다 더 많은 사람들이 살 집을 짓기 위해 연필로 종이에 집을 그리는 여러분과 같은 건축가들은 이들이 겪게 될 여러 가지 심신의 병에 어느 정도 책임이 있는 것이다. 그러나 건축주, 즉 그 보험회사는 앞서 말한 인구 밀도 조건이 충족되어야만 그 프로젝트에 돈을 지불할 수 있다고 주장한다. 결국, 그들은 자신들이 제일 먼저 해야 할 일이 자금을 마련하는 것이라고 설명한다.[6]

그렇다면 당신은 어떻게 하겠는가? 그 일을 수락하겠는가?

이미 예상할 수 있듯, 실제 건축가 중 85%가 이를 수락하겠다고 응답했고, 10%는 거절한다고, 5%는 잘 모르겠다고 응답했다. 건축 전공 학생들의 대답은 조금 다르다. 82%는 수락한다고 응답했고, 12%는 거절한다고 응답했으며 6%는 잘 모르겠다고 응답했다. 지금까지와는 모순되게, 예비 건축학도의 93%는 이를 수락한다고 대답했으며 6%는 거절한다고 대답했고, 1%만이 잘 모르겠다고 대답했다. 이 경우, 일을 수락할 것이라는 응답자가 댄 이유 중 가장 많았던 이유가 '보험 회사측이 요구하는 밀도가 너무 높다 하더라도, 프로젝트가 시행되면 슬럼가가 훨씬 나아질 것이라고 생각하기 때문'이었다. 거부 의사를 밝힌 응답자들은 이 사례에서 필요한 건 현재 상황에 대한 포기가 아닌, 새로운 주택 프로젝트 재정 시스템이라고 말했다.

사례 4. 대부분의 사람들이 농담이 아닌가 의심하지만, 사실 이는

6) 이것은 가장 일반적인 것으로 잠깐 도시개발을 돌아보아도 알 수 있는 상황이다.

실화에 근거한 이야기다. 한 국제적인 깡패―마약, 매춘, 강탈 등 우리가 상상할 수 있는 모든 것에 손을 댄―가 엄청난 돈을 벌어 지금은 그 바닥을 떠났다. 그는 어떤 섬 하나를 통째(바하마나 서인도제도, 아니면 남태평양의 섬?)로 사들여 당신에게 스페인의 무어왕조차도 꿈꾸어보지 못했을 정도로 호화로운 환락의 궁을 지어달라고 요구한다. 돈은? 백지 수표.

물론, 여기서 받는 설계는 여러분 인생 최대의 기쁨이 될 것이고, 여러분은 전세계 모든 건축가들의 부러움을 사게 될 것이다. 하지만 정말 이 괴물 같은 범죄자의 희열을 위해 여러분의 재능을 허비하고 싶은가? 그가 농간을 부려 번 돈을 나누어 갖고 싶은가? 정말 그런 것인가? 그렇다고 말할 수 있는가?

겉으로 보기엔 여러분의 고상함에도 한계가 있다. 하지만 여러분은 혼자가 아니다. 고상함과는 거리가 멀다. 세 그룹 모두―건축가 그룹, 전공 학생 그룹, 예비 건축학도 그룹―거의 만장일치로 설계건을 받겠노라고 대답했다. 한 예비 건축학도는 재치 있게도 그 악한은 방탕하게 살다 곧 죽을 것이며, 그러면 그 섬은 모두에게 즐거움을 주는 국립공원이 될 거라고 제안했다. 아니면, 화려한 리조트가 되던지. 그러면 그 학생은 커미션으로 번 돈을 이용해 이곳을 후원할 수도 있을 것이다.

윤리와 도덕성에 관한 문제들을 요약해보면, 두 제시어가 관심 분야를 구분하고 있음을 분명히 알 수 있다: 윤리는 행동 원칙이나 그 사회에서 직업 및 직업의 위치를 보호하기 위해 만들어진 규칙에 관한 것이고; 도덕성은 동료, 그리고 자기 자신에 대한 그 사람의 행동에 관한 것이다.

사실 건축가들, 다른 분야에 영향을 줄 수 있는 일을 하는 모든 사람들은 이런 질문들을 전적으로 피하고픈 유혹을 느낀다. 직업 그 자체만으로도 힘들고, 어둠 속에서 밤새도록 머리를 쥐어짜며 고민하지 않아도 이러한 문제들은 그 나름대로 어렵기 때문이다. 이 문제를 풀려고 고민하느니, 차라리 일요일날 교회에 가서 목사님의 설교를 잘 듣고 있는 양 꾸벅 꾸벅 졸다가 오는 편이 더 편리할 것이다.

그러나 자신의 한계를 알고자 마음과 영혼을 시험할 줄 알고 자신감의 진정한 근원과 그 근원이 얼마나 멀리 영향을 미치는 가를 아는 용기를 지닌 건축가가 그의 창조물이 다른 사람의 마음과 영혼에 미칠 영향에 연연하지 않고, 정직하게, 그리고 부끄러움 없이 디자인할 수 있을 것이다. 이러한 자기시험이 도움을 주진 않지만, 그가 문제를 분석하고 철저히 건축적으로 해결할 수 있는 방향을 명료하게 해줄 수는 있다. 요컨대, 자신만의 도덕적 원칙을 지킬 줄 아는 건축가가 보다 나은 건축가인 것이다. 성실함은 불가분의 요소다.

12장 예산 계획

The Financial Setup

경찰의 통계에 따르면 대부분의 범죄는 무엇인가를 얻으려고 하는데서 일어난다.
어떤 가치 없는 비교만 하지 않는다면 건축에도 동일한 이야기를 할 수 있다.
대부분의 건축물은 얻기 위해 지어진다.

박물관, 도서관, 학교, 교회와 같은 특별한 건물은 경제적인 이익을 의해서 만들어지지 않는다. 그러나 호텔, 사무소건물, 아파트, 극장등과 같은 건물들은 건물주의 수익을 위한 특별한 목적을 가지고 만들어진다. 그러므로 건축가는 시작하기 전에 종종 건축주가 원하는 경제적인 개념과 관련이 있는 건설비용, 모기지(장기신용대출), 이익과 보수, 수입과 이익이라는 것을 고려하게 된다. 건축주에게는 그 자신 또는 회사의 기념이 될 만한 건물을 짓기보다 연말에 자신의 회사의 흑자가 나길 바라는 경향이 있다. 이런 경향은 그의 회사가 일류가 되는 것과 관계가 있다.

분석이 목표에 빗나가는 건축가들은 실직되는 반면에 재정분석이 제대로 맞아 들어가는 건축가는 고객들 사이에서 좋은 평을 듣는다. 따라서 그 사회의 성격을 표현하구 인간 욕망의 발전을 위한 비옥한 환경을 만드는데 도움이 되는 건축가의 기본 의무에 대해서 사람들은 재정적인 목적이라는 것을 취급할 필요성을 상위 수준에 놓는다. "아!"라고 자본주의를 반대하는 자들이 말한다. "사회주의 아래 사람의 필요성이 가장 으뜸이다." 이론적으로 실제로 적어도 산업화된 사회에서는 최소한 자본주의와 사회주의 사이에는 별다른 차이가 없으나 통상적인 자본주의 아래에서 보다는 독재적인 분위기 아래서 후자는 국가자본주의가 되는 경향이 있다.[1] 두 사회의 산업적 경제적인 문제가 비슷하기 때문에 아마도 다른 이름 하에는 재정적인 계획이 결여되지 않는다고 가정하는 것이 합리적인 것이다.

그러나 상대적인 정치는 현재 우리의 관심사가 아니다. 이것의 근본적 가치에 대한 비평이라기보다는 재정적인 계획의 시험이다. 재정적인 계획은 3가지 주요 구성요소로 이루어져 있는데 이는 소위 옥죄는 단추[2]나 꺽쇠 같이 빠듯한 결론이 따른다. 왜냐하면 프로젝트를 실행하느냐 마느냐를 결정하는 내용들이기 때문이다.

파트 I은 평가된 가격의 명세서로 구성 된다(땅, 건설, 건축가와 기술자 비용, 법적비용, 허가 등) 그 전체는 두 가지 부분으로 나누어진다. 첫째는 투자자가 투자하는 실제현금이고 두 번째는 모기지(mortgage)와 같이 빌려야 하는 돈이다.[3]

파트 II는 건물이 지어진 다음 운영하고 유지하기 위한 비용이다. 가장 큰 부분은 모기지 이자와 원금상환(모기지를 치루어 내는 것)이다. 다음은 건물을 짓기 위한 고용자들의 월급, 세금, 연료, 수리, 보험 등이다. 모기지의 원금상환을 하는 것(원급과 연이자의 상환)에

---

1) 옛 소련에서 예술 분야의 통제는 아마도 문학 분야에서 가장 잘 알려져 있다.하지만 다른 창조 예술 분야에도 그러하였다는 충분한 증거가 있다.

2) 역자 주 : 예산에 맞추기 위해 빠듯하게 예산을 짜는 것을 말함.

3) 앞 부분에 특별히 주의해서 보면 실제 투자비는 투자자에게서 나온다. 이것이 재정적으로 예산을 맞추는 것에서 결정적인 목록이다.

주목하라. 어떤 요소들은 해가 지남에 따라 올라갔다 내려갔다 하기 때문에 시간에 대한 가변성이라는 것을 고려해야 한다.

파트 Ⅲ는 그 건물이 만들어 내리라고 기대되는 총 이익의 측정치이다. 이러한 계산 방법은 건물의 종류(아파트나 사무소건물과 같은)에 대한 그 지역에서의 임대시세로 모두 임대 되었다고 가정하고 공실률 10%를 제한다. 공실률이라는 단어는 많은 허구를 가지고 있기 때문에 인용된다. 건물이 부족할 때에는 물론 공실률이 제로이지만, 반면 과잉 공급된 시기에는 프로젝트가 성공한다고 단언할 수 없다. 이러한 항목은 임차인이 나가고 다른 임차인이 들어오는 교체시기 동안 발생하는 손실을 보상한다고 보는 견해가 있다.

파트 III의 총수입에서 파트 Ⅱ에서의 유지비용을 제함으로서 최소한 이익이 발생되어 사업을 추진하게 된다. 나머지가 파트 Ⅰ에서의 실제투자비용에 대한 반대급부로 얻어지는 마술의 숫자인 순수이익이다. 이것이 수익률이고 그 건물을 건축해야 할지 말지를 결정한다. 보통 투자자는 투자금의 15%이상의 수익을 원하고 그렇지 못하다면 다른 것에 투자 한다. 아니면 그는 건축가에게 수익이 나올 수 있도록 모든 계획을 수정할 것을 요구할지도 모른다. 이 모든 것은 처음 읽을 때 보다 덜 복잡하며, 가장 명확하게 하기 쉬운 방법은 가상의 경우를 만들고 제정적인 계획을 세워보는 것이다.

가정해보자. 보통 그렇듯이 총비용이 200만 달러인 아파트 프로젝트가 있다. 어림셈하여 이 총액의 1/5인 40만 달러는 대지를 구입하는데 사용된다.[4] 나머지 160만 달러는 건설비용, 다른 잡다한 비용

4) 통상적으로 땅값이 비싼 지역에서는 작고 싼 건물은 짓지 않는다.(대지를 소유하고 있어

(단순화하여 총액으로 표시)으로 사용될 것이다. 2백만 달러나 180만 달러의 90%는 은행이나 보험회사와 같은데서 대출에 의해서 마련된다. 모기지의 경우는 10%의 이자와 2%의 전년도 원금 상환률을 포함한다. 이렇게 계산하고 남는 나머지 20만 달러는 프로모터나 여러분의 건축주에 의해 투자된다. 이것은 아마 본인의 돈일수도 있고 장인어른의 돈이던지 아니면 라스베가스에서 도박으로 생긴 돈일수도 있다. 어떤 돈이든 상관없다. 이것은 돈이고 그는 투자한다. 이것이 파트 I 이다.

파트 II는 비록 많은 항목들을 가지고 있기는 하지만 기본적으로 단순하다. 가장 큰 것은 모기지에 대한 연이자이다.(180만 달러의 10%인 18만 달러이다.) 다음은 원금상황이다.(우연히도 원금상환이라는 말의 어원이 끝까지라는 것을 기억해라.) 2%인 이것은 36,000 달러이다. 세금, 보험, 검사 비용과 같은 것은 단순계산으로 약 3%정도일 것이다.(전체 계획비용의 3%인 6만 달러이다) 임금, 수리비용, 연료 등은 또한 3%정도의 비용으로 계산된다. 만약 프로모터가 그의 돈 20만 달러를 이 프로젝트에 투자하지 않았더라면 그가 이자로 벌 수 있는 이자가 얼마 되지 않았을지도 모른다. 이것은 또한 장부에 비용으로 기록될 것이다. 이자률이 6%라고 가정하면 프로모터의 손

세금을 내야하는 경우 자동차 차고나 상점처럼 세금을 모면하기 위해 임시 건축물을 건축하는 경우를 제외하고) 왜냐하면 땅값 지출을 보장할 만큼의 이익이 생기지 않기 때문이다. 따라서 똑같은 이유로 값싼 땅에 비싼 구조로 큰 건물을 건축하지 않는다. 왜냐하면 그러한 건물이 그 대지에서 많은 돈을 벌 수 있다면 그 땅은 크게 비싸지게 될 것이다. 물론 예외도 있다. 예를 들어 사려 깊은 합자 투자가가 아주 척박한 땅에 비싼 호텔을 짓는다면 현재는 싸고 별 볼일 없는 땅이지만 후에는 땅 값이 올라 요지가 될 것이라는 바람이 있기 때문이다. 이런 종류의 예는 바하마제도의 낫소 외곽에 있는 파라다이스 섬이다. 그러나 일상적으로 대략적으로 1/5 법칙이 땅값을 계산하는데 사용되었다.

실은 12,000달러로 줄어든다. 이것이 파트 II 이다.

지금까지 우리의 예산 계획을 보면 다음과 같다.

Part I. 비용.

1.토지구입	$400,000
2.건축공사 (제비용포함)	$1,600,000
합계	$200,000

(180만 달러를 모기지로 빌리고 20만 달러는 개인자금)

Part 2. 유지비용(연간)

1. 연금상환	$180,000
2.Amortization	$36,000
3. 세금 등등	$60,000
4. 유지비	$60,000
5. 현금의 이자 손실률	$12,000
합계	$348,000

다시 한 번 원금상환에 의해 모기지의 원금은 줄어들 것이고 그로 인한 연간 이자도 줄었다는 것을 주목해라. 그러나 세금, 유지보수비와 같은 다른 항목들은 늘어날 것이다. 사실이 그렇다. 그로 인해서 최소한 몇 년 동안의 파트 II에 대한 총합은 다소 변함이 없을 것이다. 그럼 이제 파트 III을 계산해보자. 이미 설명했듯이, 기본적으로 총수익과 순수익으로 구성된다. 건축가는 현재의 건축비용을 앎으로서 그가 160만 달러라는 돈을 투자하여 어느 정도 임대할 수 있는 공간을 만들어 낼 수 있는가를 알 수 있다. 그리고 이러한 형태로 얼

마만큼의 공간이 임대될 수 있는가를 인지하고 있음으로 해서 그는 잠정적인 이익이나 임대료를 산출할 수 있다. 임대료를 계산하기 위한 공실에 대한 10%의 공제를 하면 우리의 계산으로 전세 비용 42만7천 달러에는 임대수입이 38만5천 달러이다.

다음단계는 연 순수익을 계산하기 위해 파트 Ⅲ으로 부터 파트 Ⅱ를 빼는 것이다.

순 임대수익 (Part III)	$384,000
연간비용 (Part II)	$348,000
순이익	$36,000

최소한 2백만 달러 프로젝트에서 3만6천 달러라는 돈은 큰돈이 아닌 것 같다. 그러나 생각해보자. 건축주와 프로모터가 200만 달러를 투자한 것이 아니다. 그는 20만 달러를 투자 했다. 20만의 3만6천 달러는 18%인 것이다. 이것은 그 사람이 잠을 자는 동안 미소 지을 만한 금액이다. 그는 두 번째 마티니를 마시며 친구들에게 건축이 최고이고 비용은 엄청나지만 그것은 모두 그럴만한 가치가 있다고 말 할 것이다. 그 친구는 건축가의 이름을 받아 적는다. 해가 가면서 프로모터는 기초 투자한 돈을 점차 돌려받는다. 이 돈은 20만 달러이다. 건물이 해가 가면서 많아져 매년 36,000달러보다 적어지지만 투자의욕을 생기게 할 만큼 벌며 퍼센티지라는 용어로 매력적인 이익을 나타낸다. 그가 그의 투자비용을 다 보상받을 만큼 오래 산다면 그의 이익은 순수 이익만도 엄청날 것이다. 이것이 대학들, 은행, 교회, 수대에 걸친 상속자들이 가치 있을 만한 땅을 찾는 이유이다. 그 이익은

투자자 보다 몇 배는 오래 살기 때문에 그와 같은 재산으로부터의 이익은 그것의 이전의 스타일과는 다르다. 그러나 만약 이런 종류의 재산을 구입할 때에 그는 적어도 한번은 그의 이익이 좋아 보이지 않는다는 것을 투자수익을 숫자로 보고자 한다.

결론 : 낡은 건물(빈민가)을 오랫동안 소유하게 된다면 그것들은 소유하기에 환상적인 것이다. 파는 사람이 시장에서 이익을 아주 조금을 얻거나 사는 사람은 항상 무일푼이 된다면 사고파는 것은 큰 재앙이다.5)

예산 계획으로 돌아가면 만약 프로모터가 만족할 수 없을 만큼 낮은 15%이하의 수익이라면 어떤 일이 생길지 생각해보자. 물론 가장 단순한 해결책은 프로젝트에서 손을 떼는 것이다. 건축가는 그의 업무에 대한 비용만 받으면 된다. 그것이 전부이다. 다른 방법은 이익을 깎아 먹는 비용을 줄이도록 노력하는 것이다. 비용 이것은 다양한 방법으로 수행될 수 있다. 가장 익숙한 것은 질을 낮춤으로서 건축비용을 줄이는 방법이고 그래서 우리는 낮은 천장, 금이 간 벽, 이웃의 내부문제 및 TV 취양까지 알 수 있을 만큼 이웃과 가깝게 해주는 얇은 벽의 건물을 만드는 것이다. 아니면 그 프로모터는 오랜 기간 동안 이율이 낮은 더 좋은 조건의 모기지를 찾거나 더 큰 모기지를 찾는다. 그래서 개인적인 현금비율을 줄이고 이익부분을 키우는 것이다. 가장 대중적인 방책은 임대료를 올리는 층을 늘리는 것이다. 첫 번째 천장을 낮추고 추가로 층을 만들거나 같은 높이에서 2개 층을 만든다. 둘째, 방을 더 작게 만들어서 같은 면적에서 보다 많은 임대면적을 만든다. 이런 방법은 이전에는 빈민가로 묘사되는 지역을 새로운

5) 이런 기본적인 상황은 많은 돈을 들여 빈민가를 철거하는데 저항하는 것과 공공 단체에서 취해진 초기 행동의 실질적인 필요성을 어느 정도 설명할 수 있다.

'고급아파트'라는 말로 가득 찬 도시로 만드는 종종 사용되는 방법이다. 새로운 빌딩의 임대 가능성의 일부는 상당히 디자인 안에 달려있다. 미학적으로 말해서 '전통적인' 외관은 교외지역에서 일, 이천 달러 정도 집값이 비싼 반면, 있어 보이거나 '현대적'인 외관인 가장 유명한 리조트 호텔은 매일매일 가격이 정해질 정도이다. 이런 과정에 참가하는 건축가는 어떨까? 그 사람은 단지 건축주의 숙련된 일꾼일까? 그러나 우리에게 그의 취향과 지식, 경험과 솜씨를 빌려주는 사람을 위한 일꾼일까? 아니면 그는 건축 빌딩의 거대한 부피에 대한 책임을 나누어야할까? 모든 것이 나쁘지는 않으나 무자비하다고 하지 않을 수 없는 부분이 더 많이 예산 체계에 따라야 하지만 프로모터도 건축가도 종종 인간성을 실종하기도 한다. 단지 그들의 관심사는 인간애라기보다는 이익일 뿐이다. 건축가는 그 스스로에게 이 질문을 해야 하고 오직 그 자신만이 그 질문에 답할 수 있다.

13장 팀

The Team

옛 속담에 "두 사람의 머리가 한 사람의 머리보다 낫다"라는 의미는
두 개의 머리가 동일한 몸에 있는 상태가 아니라는 조건하에서 진실이다.

1

건물의 종류와 기술의 복잡함이 더해 감에 따라 건축가가 혼자 일을 못한다는 것은 명백해졌다. 만약 예를 들어 그가 최신 사무소건물의 철골과 콘크리트 구조로 직접 계산한다면 제대로 디자인 할 시간이 없다. — 한번에 그것을 어떻게 계산할 것인지를 안다는 추측 하에서. 그리고 만약, 게다가 그가 배관공사와 공조. 엘리베이터 그리고 전기시스템에 대해 고민하고 구체적으로 자세히 기술한다면 그의 인생은 그 건물을 완성하기에 충분하지 못하고 다음 세대에 가서나 완성된 건물을 볼 수 있을 것이다.

그래서 우리는 필요한 경우, 같은 목표를 추구하고 있는 팀이 있으나, 그 팀은 종종 우선적으로 고려할 것이 무엇이고 무엇을 강조 할 것인가 등의 문제로 항상 분리되어 있다. 건축가는 직원들을 지휘하고 결과에 대해 책임을 지는 우두머리이지만, 기술적으로 위에 있는 특별한 경우 팀 동료에게는 반드시 복종해야 한다. 그러므로 건축가는 다양한 전문 지식을 가능한 많이 알려고 노력하여야 하며, 그래서 다른 전문가들이 옳다고 생각되면 정중하게 받아들여야 하거나 혹은 그들이 단지 멍청이라고 결정 내리게 되면 일을 포기해야 할지도 모른다.

먼저 구조기술자[1]라는 팀 동료에 대해 생각해 보자. 그의 직업은 건축가의 상상을 도와주고 구조체가 무너졌을 때 문제가 생기는 것으로부터 구해주기 위해 구조 계획과 요소들(기둥, 보, 도리, 트러스 등)을 디자인 하는 것이다. 물론 주택처럼 상대적으로 구조 문제가 간단한 작은 건축물을 엔지니어를 부를 필요가 없다. 건축가 자신이 스스로 다룰 수 있을 것이다. 그러나 사무소 건물, 공항, 스포츠 경기장이나 그와 비슷한 복잡한 것들은 토목이나 구조 기술자의 서비스가 절대적으로 필요하다.

지금 이 기술자가 좋은 기술자라면 구조를 하고 구조를 생각하고 구조를 꿈 꿀 것이다. 그가 꿈꾸는 이상은 다른 사람들이 만든 그 어느 구조보다 더 적은 철재를 사용하거나 더 폭이 큰 스팬으로 대체하는 것이다. 그러므로 건축가는 "그래 나는 20층에 비해 더 거대한 보를 사용하지만 그것은 미학적으로 매력적이다." 라고 말한다. 기술자는 점심을 먹기도 전에 그 말이 이치에 안 맞다는다거나 반대 할 것이다. 그렇지 않으면 그는 이렇게 대답을 할 것이다. "미안하지만 이양반아, 그렇게 하면 예산이 초과돼." 결과는 부재들의 상대적인 강도와 예산의 현실적인 빡빡함에 달려있다. 물론 건축가는 항상 그의 권위를 주장하고 그의 방식대로 일을 하도록 요구한다. 하지만 대게 그

1) '토목기술자'라는 단어는 군사 전문가를 뜻하는 기술자(engineer)라는 역사적인 단어에서 유래한다. 이 기술자는 총포와 해머를 고안했다. 평화시기에는 이 기술자들은 수도교나 교량, 그리고 그와 유사한 시설은 건설하는 일을 했는데 바쁘고 기술을 연마하는 기회가 되었다.

러한 전략은 오래가지 않는다. 협동은 단순한 복종보다 더 좋다.

한편 많은 경우에서 기술자가 프로젝트의 초기에 아이디어를 내고 제안하여 건축가가 도달하지 못했던 문제들에 대해 해결할 수 있도록 건축가의 눈을 뜨게 하는 것이 엔지니어이다. 이 경우는 협력(cooperation)이라는 단어는 부적절하다. 합작(collaboration)이라는 단어가 더 좋을 것이다. 그리고 사실 두 가지 직업을 파트너 식으로 행하는 유능한 회사가 많다. 편지 윗부분에 Smith and Jones, Architects and Engineer라고 쓰여 있는 것을 흔히 볼 수 있다.

2

불행하게도 이상적인 협력은 항상 현실화 되지는 않는다. 건축가와 기술자 사이에는 많은 시기심과 나쁜 감정이 있는데, 바라 건데 함께 일하는 장점을 받아들이는데 너무 시간이 걸리지 않으면 좋겠다. 이 오해의 근본은 단순하다. 건축가는 여전히 '신사'라는 생각과 '심미가'라는 생각을 그의 마음에 가지고 있다. 반면에 기술자는 상대적으로 건축현장 밖에서도 트랜시트를 가지고 흙 묻은 현장화를 신으며, 불도저와 크레인을 감독하는 거친 사람이라고 생각한다. 두 가지 이미지가 어느 것도 완전히 옳은 것은 아니다.

아마 두 사람 사이에 명백한 거리감이 윤리적인 면에 놓여있다. 기술자는 건축가가 따르는 규칙의 목록을 따르지 않을 것이다. 전문지식은 같지 않고 어느 것도 문제 되지 않는다. 예를 들어 기술자는 건축가와는 달리 계약자와 건설업자의 대리 역할을 하지 못한다. 그러므로 기술자는 앞서 기술한대로 단순한 계산방식으로 건축주에게 계획에서부터 건물이 완성되고 건물을 인도 할 때까지 종합 서비스를 제공하는 것이 가능하다.[2] 단가를 읽을 수 있다는 것은 어떤 점에서 건축주에게는 끌리는 매력이 있다. 살 수 있는 권리(The Right To Shop)는 사실은 헌법의 한 부분이다. 어떤 건축가는 이것 때문에 기술자에게 일을 빼앗긴다고 생각하는데 이로 인해 서로가 좋은 감정을 갖기가 어렵고, 특히 기술자가 건축가에 대한 똑같은 의심을 가지고 있을 때 더하다. 가장 좋은 경우는 점점 일이 많아지는 것이며 특별히 큰 프로젝트에서 파트너나 동업자로써 둘 다 전문적 직업이 연관되는 경우이다.

3

건축가가 반드시 같이 일해야 하는 기술자는 기계기술자, 전기기술자, 공조기술자등이다. 비록 전부 필요하지만 그들의 서비스는 건축가와 철학적이거나 실용적인 차이를 만들어내지 않는다. 건축가가 그들에게 필요한 여러 가지 배관공간과 공조배관 공간을 제공하면 그들의 일은 조용히 진행된다. – 기계적으로 이야기해 볼까요? – 누구도 문제를 일으키지 않는다. 물론 공조 기술자는 덕트를 로비의 가운데로 꿰뚫고 지나가게 하는 것을 주위로 돌아가게 배관하는 것보다 더 선호한다.

주된 평화의 원천은 토목기술자들과 달리 기계기술자는 독자적으로 건축주에게서 일을 받지 않는다는데 있다. 그러므로 그들은 어떤 경쟁을 표현하지 않는다. 그리고 경쟁을 하는 직업은 감정대립의 원천

---

2) 11장 윤리와 도덕적 선택 편을 참고하라.

이 될 수 있다. 누구도 건축가와 기계 기술자간의 심각한 감정대립을 보지 못했다.

4

조경 전문가는 또 다른 이야기이다. 건축가에게 조경하는 사람은 건물 주위에 나무와 꽃을 심는 사람을 말한다. 조경가에게 건축가는 플라타너스 나무와 느릅나무를 구별할 줄 모르는 허세부리고 무식한 사람으로 생각한다. 반면에 건축가는 조경가는 조금 괜찮은 정원사라고 생각한다.

이렇듯 잠재적인 차이점에도 불구하고 두 사람이 서로 존중하고 서로의 관점을 일치시키면 훌륭한 결과가 현실화 될 수 있다고 생각한다. 이 방향으로 크게 도움이 되는 것이 조경건축학교에서 조경을 강조하거나 또는 그 반대의 경우이다.

손쉬운 작업 관계가 가능할 뿐만 아니라 기대하지 않았던 가치 있는 개념이 발전될 수도 있다. 예를 들어, 빌딩은 나무나 바위가 그러하듯이 자연에서 자란다는 프랑크 로이드 라이트 학교의 유기적인 접근은 인간의 기술에 의해 지구에 인공적인 부담을 주는 것이라는 Marcel Breuer의 건축적 신념과 대조적이다.

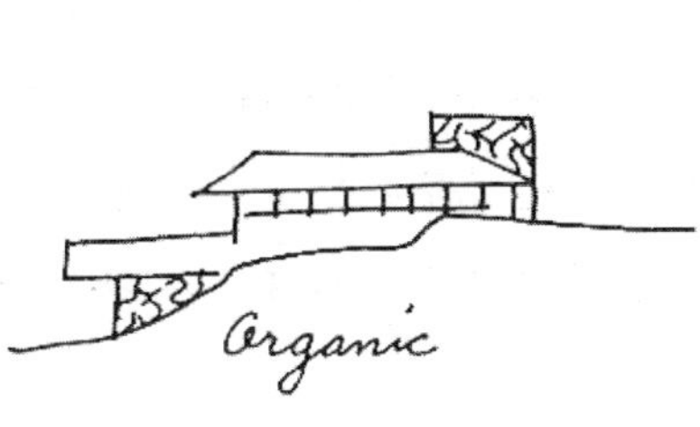

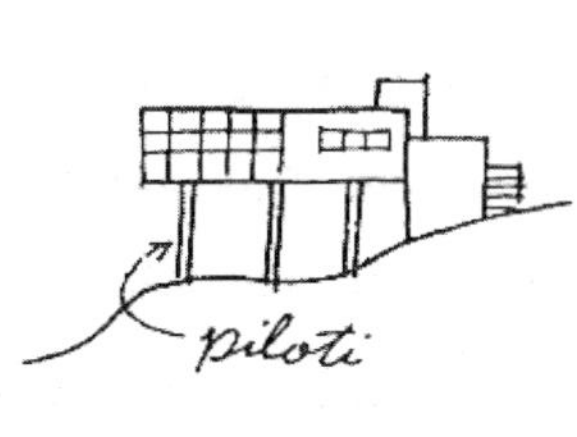

유기적인 건축가는 등고선이 살아있는 자연에 어울리게 건축한다. Breuer는 대지에서 그의 건물을 필요한 곳에 필로티를 이용하여 의도적으로 분리한다. 여러분이 어떤 쪽을 취하든 개념의 파괴는 신선한 태도와 해결에 이르는 매혹적이고 건설적인 말이다. 그리고 건축가와 조경건축가 사이에 상호 교환을 제외하면 이러한 경우는 잘 일어나지 않는다.

5

인간은 동료의 오해에 대해 집착하는 경향이 있다. 이것은 빌딩의 벽을 장식하려고 부른 건축가와 조경가나 화가 사이에서 명확히 설명할 수 있다. 건축가에게 화가 그리고 조각가는 타고난 사람이다. 벽에 페인트를 칠하고 전략적인 공간에 조각을 세우는 것과 같은 역할을 하는 사람이다. (전략적이란 용어는 건축가의 견해로는 건축가가 생각하기에는 어울리지 않는 곳이 의미이다.) 화가와 조각가가 보는 건축가는 운이 좋고 이기주의적인 이유를 가지고 있는 회사의 한 구성원일 뿐이며 – 갤러리의 주인처럼 – 사람들의 예술을 전시하는 장소를 마련하는 사람이다.

여러분은 그들에게 예의 바르게 해야 한다. 물론 그와 같이 저녁을 먹기도 해야 하며 그러나 말도 잘 듣는 척 하여야 하며 술을 너무 많이 마셔서 실수를 하여 일을 잃어서도 안 된다. 무엇보다도 어리석은 사람은 비록 그가 일요일에만 그림을 그리는 (취미로 하는)사람일 지라 하더라도 추상적인 것과 비표현주의를 구별하지 못한다는 것을 기억하는 것이다. 그것은 가장 좋지 않은 예이다.

그런 환경 아래서는 마음으로의 만남이 있을 것 같지 않다. 무엇보다도 건축가는 예술가가 자기가 보는 방식으로 보게 하기 위한 것은 에너지와 시간을 낭비하는 것이다. 가장 어린 유년기 시기부터 예술가가 되기 위하여 사람들은 그들의 방식대로 봐야 한다고 노력해 왔다는 것을 깨달아야 한다. – 눈에 띄는 실패와 함께. 그의 어머니, 선생님, 친구, 연인, 모두 그의 입장이다. "직장을 얻어라" "머리를 잘라라" "결혼을 해라" "거위나 다른 사람들이 살만한 것을 그려라" 짧게 말해서 예술가는 남의 말을 잘 듣지 않는 솜씨를 가진 베터랑 이라고 할 수 있다.

건축가에게 가장 좋은 것은 전에 작업한 것을 참고하여 선택하고 그의 머리를 빌리는 것이다. "벽에서 그것 떼어내." 라고 건축주가 외치면 그것은 분명히 예술가의 입장을 지지하는 명백한 건축가의 의무이다. 만약 여러분이 그를 선택하면 그에게 의존하게 된다. 만약 여러분이 그의 계획에 의존하지 않을 것이라면 그를 선택하지 마라.

이 모든 상황을 물론 20세기의 상황이다. 몇 백 년 전의 고대에는 건축과 다른 예술 사이에서 심각한 분리를 느끼지 못했다. 모든 건축은 조각이고 살아있는 스케일의 조각인 반면에 그림은 돌 자체의 건축구조 표면의 일부분이다. 산업혁명과 큰 빌딩 붐이 지구에 급속히 퍼지고 때때로 예술가들은 예술 냄새를 맡는 다람쥐처럼 그의 스튜디오로 피하게 되었다. 반면에 건물로부터 그들은 딴사람 취급을 받는다.

다행히도 이러한 상황은 바뀌고 있는 것처럼 보인다. 점점 더 많은 그림과 조각이 전반적인 건축적인 한 부분으로 역할을 다시 담당하고 있다. 좋은 경향이 나타나고 있는데 대학의 많은 건축과들과 다른 예술관련 과들이 결합하고 있는 것이며 학생들은 점점 가까워지고 협력적인 프로젝트를 하는데 있어 힘을 얻을 수 있다. 낯선 경계의 장벽이 없어지고 새로운 시대가 오거나 예전의 시대가 되돌아오고 있다.

14장 구조 기술

The Technology of Structure

"당신이 내게 그 물건을 어떻게 분리하는지 보여준다면 나는 어떻게 다시 합치는가를 알아낼 수 있다." 라고 어느 현명한 사람이 얘기했다. 그러나 그가 분해된 시계의 스프링을 다시 조립할 때 자신이 틀렸다는 것을 인정했다.

"표현의 정직성" 이라는 말은 건축분야에서 많이 쓰여 지고 얘기되는데 그것을 사용하는 사람마다 다른 의미로 쓴다. 어떤 이에게 이 뜻은 명확하게 노출된 구조형태를 의미한다. 또 다른 이에게는 건축요소가 합리적으로 정돈되어 있는 것을 의미한다. 또 다른 사람에게 정직이란 의미는 단순히 자기 생각을 고수하거나 다른 사람들에 의해 흔들리는 것을 거부하는 것이다.

이러한 차이점들은 크다. 그러나 이 모든 것은 동일한 면이 있고 핵심이 있는데 어느 정도 건축에서는 바람직하다. 그러나 반대로 동의하기 어려운 것은 비난받을 만하다. 건축가, 시민 그리고 어느 누구도 그것을 모른다면 무엇이 진실인지 말할 수 없다는 것은 두말할 필요가 없다. 건축의 경우에 기본적인 진실은 구조이다. 건물이 어떤 것이 되기 이전에 건물을 지어야만 한다. 그렇다고 토목구조기술자만큼 구조에 고수를 연구하는 전문가가 될 필요는 없다. 건축가는 단지 구조체가 갖고 있는 기본적인 개념을 이해하고 자신의 설계가 타당하고 합리적이며 건물에 관계된 기술과 조화를 이루도록 하면 된다.[1] 이러한 생각을 염두에 두고 기본적인 구조 기술의 개략적인 내용을 살펴보자.

아마도 가장 단순하고 구조 기법에서 가장 오래된 것은 조적건축으로 돌, 벽돌, 또는 다른 고체의 재료를 쌓아올려 동일한 형태를 만드는 시스템이다. 조적조의 경우는 만약 대충 자른 둥근 돌이나 돌덩어리가 사용된 벽을 막쌓기라 부른다. 돌이 사각형으로 잘 맞춰져 있다면 그것은 다듬은 돌쌓기라고 부른다. 두 가지 경우 모두 개념은 같다. 각각의 단위가 바로 밑에 있는 것 위에 놓인다는 것이다.

막쌓기는 분명히 다분히 원시적이고 단순한 구조인 반면 다듬은 돌쌓기는 단지 그 정교한 것만 보아도 좀 더 진보된 문화이다. 막쌓기는 미완성적인 표현 또는 자연그대로의 강함을 표현하지만, 어떤 면에서는 세련됨을 말하고 있다. 건축가는 그가 추구하고 있는 효과를 얻기 위해 원초적인 표현을 종종 사용한다. 예를 들어 20세기 건축가는 소박하고 스키 오두막집처럼 시골스럽게 보이고 또는 시골여관의 모습을 얻기 위해 막쌓기를 이용할지도 모른다. 그는 심지어 특별한 스포츠 용품을 파는 품위 있는 가게의 표면까지도 사용할 수도 있다.2) 조적 건축의 한계는 벽이 높아질수록 재료의 무게가 커져 맨 아

1) 이 장의 많은 자료는 M.G Salvadori와 R. Heller의 'Structure in Architecture(Eaglewood Cliffs, N.J.:Prentice Hall, Inc, 1963)에 나온 내용에 근거한다.

2) 현대의 기술은 석기 시대의 것보다 훨씬 앞서는데 진실은 무엇인가라는 의문이 생긴다.

래 부분은 깨지는 한계점에 다다른다는 것이다. 이들 기초는 매우 두껍게 만들어야 하고, 벽이 많은 공간을 차지해서 그 건물은 별로 큰 이득도 없다. 이런 이유로 조적 건축은 매우 높게 올라가는 경우는 드물었다. 무게를 분석해서 기초부분에 집중하거나 높게 올라갈 수 있도록 부축 벽을 이용한다. 그러나 현재에 와서는 그 구조는 여전히 단순한 조적조가 아니다. 그것은 뼈대의 개념으로 접근했다.

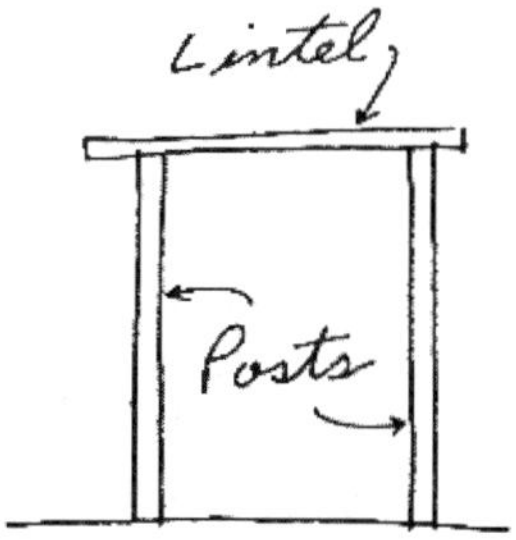

골조건축, 기둥과 기둥사이에 수평부재(인방보)길이 간격으로 떨어져 있는 한 쌍의 기둥 이 골조건축의 기본이다.

기둥과 보의 구조를 반복함으로써 –일반적으로 콘크리트, 철 나무 같은 강한 재료를 사용하고, 격자 형태를 한다. 그 비어있는 사이 공간은 유리, 벽돌, 나무판 등과 같은 것으로 채운다. 중요한 점은 채우는 재료가 조적조처럼 그 자체에 올려놓아 지지되는 것이 아니라 강한 뼈대에 의해 지지되고 여러분이 엘리베이터를 타고 싶어 하는 한도까지도 건물을 확장할 수 있도록 만든다는 것이다. 발생하는 미적인 문제는 뼈대를 표현하느냐 못하느냐 이다. 만약 말하자면 채우는 요소 또는 덮는 재료가 벽돌이라면, 여러분은 뼈대의 빈 공간을 채우겠는가, 뼈대 위를 덮어서 하나의 단일 건물처럼 보이게 할 것인가?

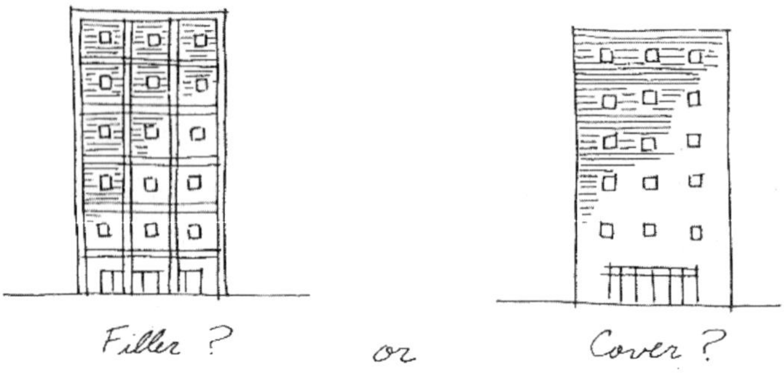

전제적인 형태를 믿는 사람은 뼈대를 숨기는 것이 정직하지 못하다고 말할 것이다. 또 다른 사람은 "그것은 설비배관을 숨기는 것보다 부정직하지 않다" 거나 혹은 그것마저 노출하려고해? 라고 대답한다. 실제로 현재 우리가 논의하고 있는 구조기법에 관한 두 가지 방법은 동일하다. 두 가지 모두 주변을 둘러싸는 재료를 골조가 지지하고 있지 조적조 자체가 받치고 있지 않다.

판넬과 조립시스템, 기술적으로 진보한 건축 산업은 자동차나 항공기 분야에서 성공한 것만큼 대량 생산하는 방식을 적용하는 것 보다 속도가 느리다. 일반적으로 건축업자는 "선조들이 해왔던 관습대로 건축현장에서 모든 것을 함께 만들어 왔다. 점점 늘어가는 추세는 최소한의 부분 예를 들어 벽-바닥-창문 판넬을 공장에서 만들어 현장에 가지고 가서 단지 볼트를 조이는 방법이다. 어떤 경우에는 전체 방을 만들어 가는데 화장실 또는 주방이 그러한 것들이다.[3] 자연스럽게 치수는 도로 폭에 의해 제한된다. 그러나 더욱 심각한 한계는 건축 공사 조합의 태도에서 나타난다. 그들 중 많은 사람들이 현장에서 필요

---

3) 이동식 주택이라 불리는 트레일러 그리고 보트 주택의 경우 조립과정은 가구까지도 일체형이다.

한 인력이 줄어드는 공정을 반대하며 어떤 경우에는 조립품을 현장에 분리해서 가져오라고 까지 주장해서 다시 되돌려 보내기도 한다. 미적인 면에서 조립식 판넬의 개념은 모든 것을 어떤 단위나 혹은 고정된 치수의 복합 단위 모든 것을 설계하려는 뜻을 내포하고 있어서 그 모듈이 얼마만큼 상상력이 풍부한지와는 상관없이 어떤 일률적인 품질은 피할 수 없다. 어쨌든 건축 산업의 현대화는 이 방향으로 놓여 있다는 것은 분명하다.

돔, 둥근 지붕과 셸 구조. 조적조와 골조 모두 무게와 하중을 외벽쪽 방향의 아래로 전달한다. 그러나 아주 옛날 건축 역사가는 아치의 원칙을 발견했다. 거기에서 문이나 창문과 같은 개구부가 쐐기형태의 돌에 의해 간격을 버릴 수 있어 각각의 돌이 옆에 수평적 힘으로 붙어 있는 돌에 힘을 전달한다.

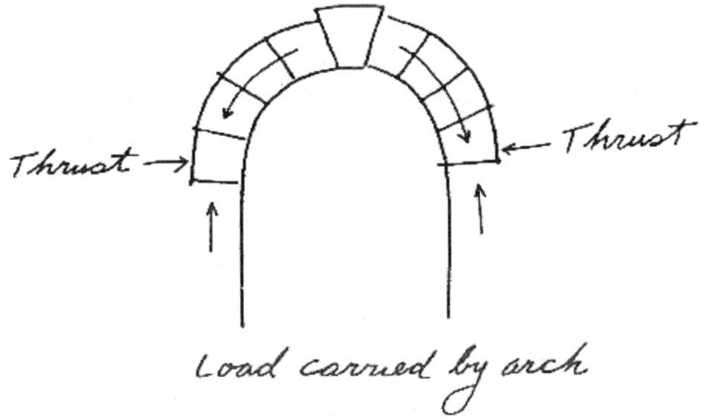

같은 생각이 3차원 속안 깊이로 전달되어 볼트를 만들어 내는데 양측면으로 놓여 있는 실린더 반쪽 모양이다. 만약 곧은 직선 대신에 둥근 원주둘레로 구부리면 그 결과가 돔이다.

그러고 만약 돔에 둥근 지붕 아치를 함께 놓으면 비잔틴 건축효과를 실제로 얻을 수 있다.

그 외피는 비록 암탉이나 멍청한 사람들도 몇 백 년 전에 알았는데 쉘

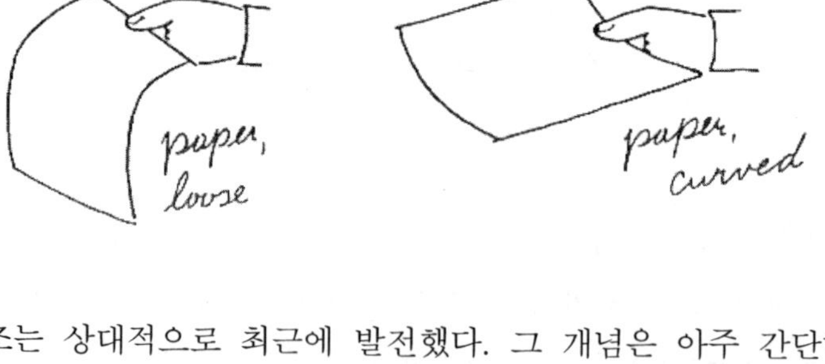

구조는 상대적으로 최근에 발전했다. 그 개념은 아주 간단하다. 얇은 종이를 잡아라. (평범한 타자종이도 괜찮다.) 그리고 그 종이의 가

장자리를 잡아라. 그 종이는 축 늘어져 견고함이 없다. 같은 종이를 잡고 구부린다. 여러분은 얇은 요소가 막대기처럼 견고하고 아주 단단해 지는 것을 발견할 수 있다. 수학적으로 그리고 건축기술에 이 기술을 응용하면 놀라울 정도로 얇은 콘크리트 또는 유리나 플라스틱이 합성된 강재로 무한정 다양한 구조물의 장 스팬을 만들어 낼 수 있다.

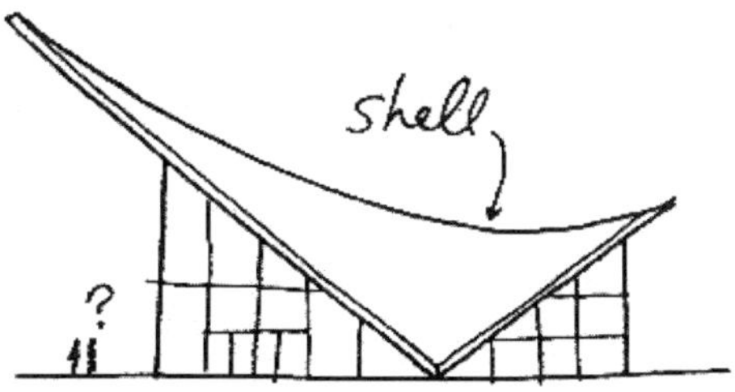

쉽게 상상할 수 있듯이 셸구조의 설계는 전문적이고 자문역할을 할 만큼 지식이 풍부한 기술자가 많지 않다.[4] 전문가의 자문 없이 셸구조를 시도하는 건축가는 의사의 감독 없이 긴 휴가를 요구하는 환자 같다는 것은 두말할 나위가 없다. 현수구조. 이 구조는 분명한 2가지 원천에서 나온다. 실험상에서는 거의 유사해 보인다. 원형텐트와 현수교가 그것이다. 두 경우 모두 하중은 지지하는 것 사이의 케이블에 의해 배달아 받쳐진다. 사실 다리의 경우에는 도로가 케이블에 매달려 있지만 원형 천막은 천이 케이블에 걸쳐 늘어져 있다. 그러나 그 기본 개념은 다르지 않다.

4) M.G Salvadori와 M.P Levy의 'Structural Design in Architecture(Eaglewood Cliffs, N.J.:Prentice Hall, Inc, 1967)을 참조하라

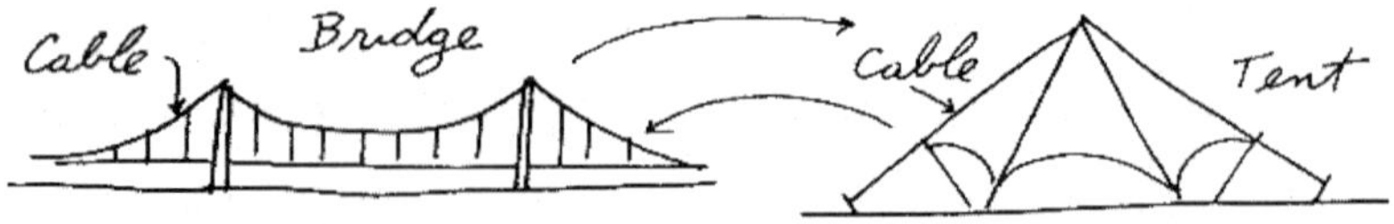

건축에 적용되면 늘어진 케이블 시스템은 많은 변화가 일어난다. 아마도 가장 좋은 실례가 스포츠 경기장5)에서처럼 큰 공간을 덮는 지붕에 성공적으로 쓰여 지는 것이다. 케이블은 전체 공간을 가로질러가는 대신에 중앙의 원형 고리에 연결된다. 완전히 당겨졌을 때 그 케이블은 링을 바깥쪽으로 당기는데 이것이 인장링이라 불리는 것이다.

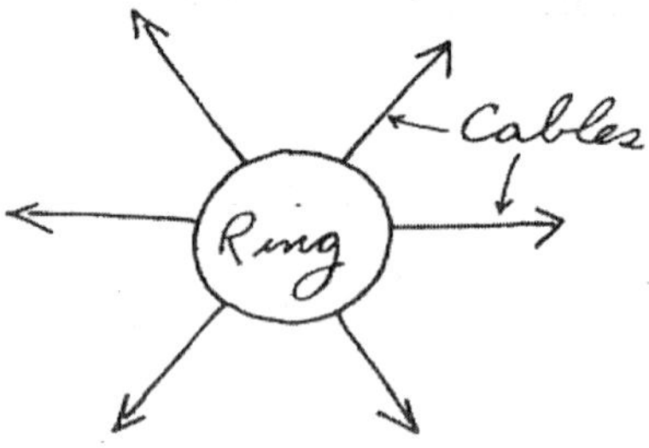

케이블 끝에서 즉 바깥쪽 끝에서는 또 다른 원형 고리에 연결되고 안쪽으로 당겨진다. 바깥쪽 링, 자연스럽게 이를 압축링이라고 부른다. 왜냐하면 결합된 당김이 고리를 움츠리게 하는 반면 인장링에서 바깥쪽으로의 당김이 반대로 이를 늘리려고 한다.

5) 뉴욕의 메디슨 스퀘어 가든이 이 시스템을 사용하고 있다.

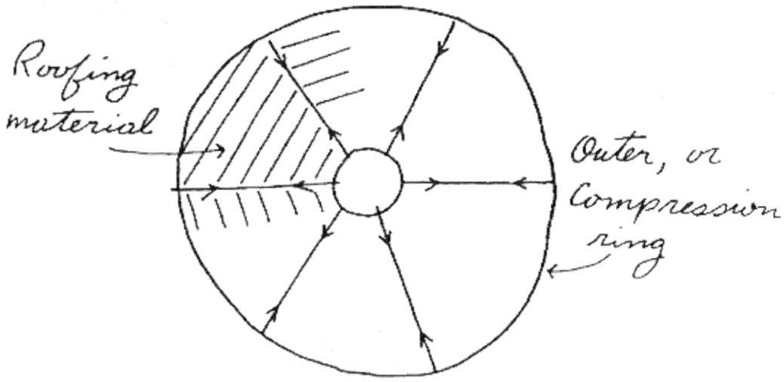

그 결과 전체 형태는 단단한 그물이 형성되어 유리, 플라스틱, 혹은 경량 콘크리트 까지도 지붕재료로 받칠 수 있는 구조 역할을 한다. 일반적인 골조 건축에서 공간은 나무, 철재, 또는 콘크리트로 된 단일 부재로 기둥간격이 만들어 지는데 그와 유사한 트러스 구조가 종종 사용되기도 한다. 스페이스 프레임은 물론 더 짧고 가벼운 부재가 조합되어 더 무겁고 큰 보가 하는 역할을 당당히 해낸다.

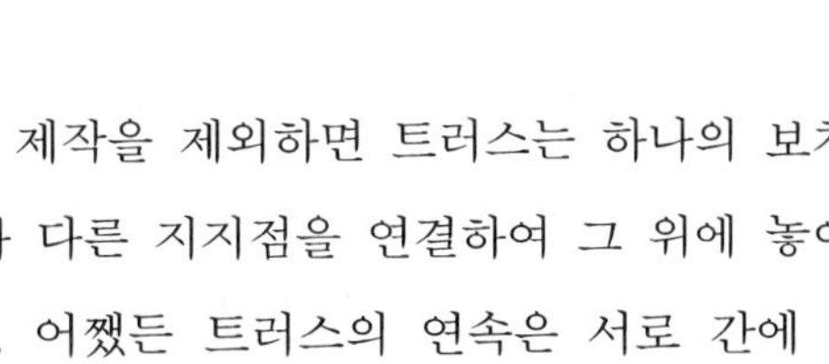

이처럼 복잡한 제작을 제외하면 트러스는 하나의 보처럼 역할을 하는데 한 지지점과 다른 지지점을 연결하여 그 위에 놓이는 어떤 하중이라도 지지한다. 어쨌든 트러스의 연속은 서로 간에 직각으로 놓이며 계란 판에 있는 분리공간과 같이 상자 같은 역할을 만들어 낸다. 그 결합은 단순히 하나의 보처럼 행동을 하거나 보의 집합체처럼 행동하지 않는다. 그것은 단단한 슬라브처럼 되는데 어느 방향에서도 똑같이 응력을 받을 수 있을 정도로 강하다. 그것을 스페이스 프레임이라고 부르고, 큰 간격의 스팬에 가장 효과적이다.

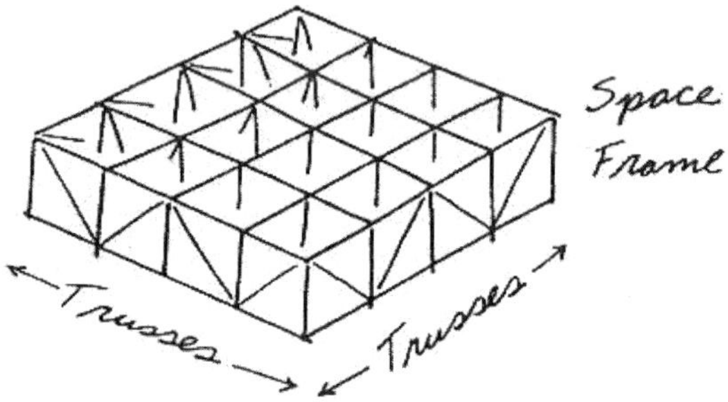

다시 철학적인 의문이 생긴다. 덮을 것인지 말 것인지? 노출 시킨다는 것은 (바람이 잘 통하는 습성이 있고) 빛을 표현하고 가뿐한 성격을 표현하는 반면 덮는다는 것은 하중의 형태와 모양새가 구조에 진실 되지 못하다는 것을 애기하는 것이다. 그러나 경우에 따라서는 대체로 건축의 일반적인 미에 적합하다. 기념비적인 모습을 보이는 시청을 원한다고 하면 스페이스 프레임의 가벼운 느낌은 슈퍼마켓이나 전시관 건물 같은 모습이어서 걱정될 수도 있다.

대답은? 개념의 문제로 돌아가서 얼마만큼 우리가 관공서를 심각하게 받아들이는가? 기념비적 표현을 할 만하다고 느끼는가? 반면에 우리의 쇼핑센터는 얼마나 성의가 없는가? 어느 것을 자주 방문하고 어느 것이 더 강하게 느껴지는가? 확실히 이것은 개별적인 건축 고려대상의 하나이다. 구조기술을 미의 표현으로부터 분리할 수 없다. 그것은 또 반대로 우리 사회에 바탕에 깔려 있는 기초 개념과 완전하게 결부되어 있다.

공기압력 시스템, 보통 해면의 공기 압력은 14파운드에 가깝다. 만약 이것이 1파운드 정도 오르거나 낮아지면 거의 알아채지 못한다. 그것은 엘리베이터나 비행기 안에서 발생한다. 제곱인치 당 15파운드까지 올라가면 제곱피트 당 정사각형 기둥을 각각 144파운드를 위로 올리는 것으로 구조 재료 대부분을 실질적으로 떠받치기에 충분하다. 박람회장, 운동경기장, 임시군대건물, 매우 큰 경량의 팽창한 플라스틱 지붕 재료는 상대적으로 단순하고 값싼 공기펌프로 끌어 올릴 수 있다.[6)]

공기 압력 시스템은 아이들의 크리스마스 기구가 부풀었을 때 딱딱하게 되는 원리와 같아 보 또는 아치 같은 구조의 원리를 만드는데 이용할 수 있다. 이렇게 보 또는 아치를 연속해서 설치하고 큰 홀의 매우 경량 구조의 캔버스 지붕으로 그것을 덮을 수 있다.

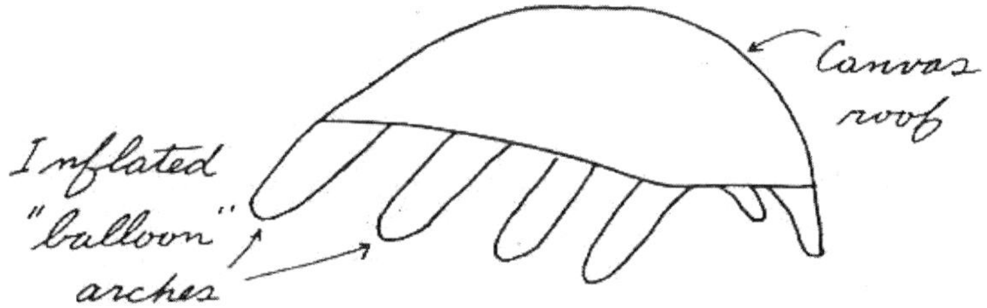

정직한 건축의 문제로 돌아가서 구조의 시스템에 관한 짧은 조사를 통해 나타내는 것은 바라 건데 사람들은 단순히 개념적인 감각으로 건축에 그 아이디어를 접목시킬 뿐만 아니라 구조적인 이해로서도 접

6) 말할 필요 없이 공기 펌푸는 일반 시설과는 독립된 전력으로 가동되고 비상발전기에 의해 보조적으로 대기하고 있다.

목시킬 필요성을 느낀다는 것이다. 맨 앞에 나서는 현명한 사람이 아니더라도 어떻게 그 물건들을 분해 할 수 있는가를 알 필요는 없지만 그것의 물리적인 조립을 깊이 있게 이해할 필요가 있다. 그것이 단지 얕은 지식이라 할지라도.. 반면에 그러한 이해가 부족하면 그는 자신을 표현하고 자신의 환경의 일부로써의 건축을 인식할 수 없다.

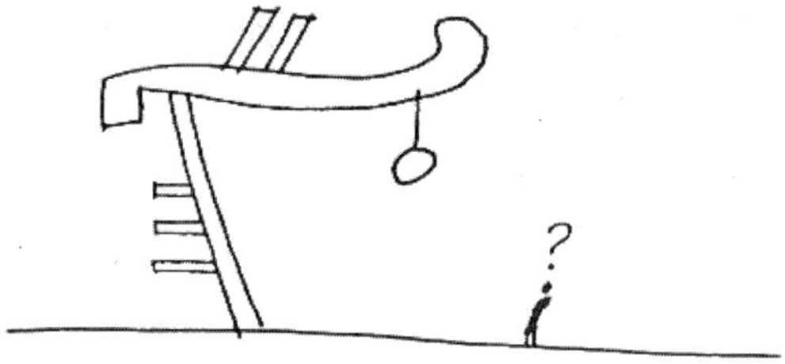

많은 사람은 초현실주의 예술에 익숙하지 않고, 마그리트의 그림7) 앞에서는 이러한 반응을 보인다. 이와 같은 일이 (조금이라면 좋겠지만) 그가 이해 할 수 없는 구조 -골조, 조직, 표면재- 등의 건축을 마주칠 때 일어난다. 진실은 의사소통의 문제로 함축된다. 여러분의 건축은 사람들에게 그 건축이 어떠한 것에 관한 것뿐만 아니라 그것이 이해할 수 있고 3차원적인 단어로 무엇인지를 설명해야만 한다. 이러한 사고에 다음과 같은 사실을 덧붙인다. 아이디어는 표현되는 것이고 그 사실은 표현된다.

7) 혹은 처음으로 무조음악을 듣는 것

15장 도시경관

The Cityscape

스모그가 가득한 것을 뚫고 도시는 점점 더 석순을 닮아가고
성난 하늘의 동굴에 가까이 다가가고 있다.

일반적으로 세계는 더 붐비고 특정지역의 도시는 더 혼잡하게 되어 가는데, 건축가들이 도시경관을 고려하지 않고 설계하는 시대는 끝나고 있다는 것은 분명해지고 있다. 각 건물들은 이웃관계를 단절하고 빛을 차단하며 시야를 가리고 수천 명의 사람들이 그 건물들과 뒤섞여 혼잡해지고 악몽을 꾸게 만들고 점심시간에는 생존투쟁을 벌이고 있다. 적어도 태도면에서 도시계획가가 되어야 한다는 건축가의 책무는 피할 수 없다. 대부분의 경우 그가 노력했지만 실패한 경우 그 결과는 모두 너무 고통스럽다. 그래서 건축가들의 또 다른 사회적, 도덕적, 윤리적인 책임에 덧붙여서 건축가는 도시의 전체형상을 대단히 복잡한 인간과 기술의 문제들을 포함해서 생각하는 것을 배워야한다. 우선 어떻게 도시를 만들 것인가를 생각하기 전에 그 도시가 무엇을 위한 것인가를 결정해야만 한다. 거주자들에게 제공해주는 것 그리고 그 안에서 살면서 특권을 누리는 대신 치러야 될 대가가 무엇인지, 아주 정말 간단하게 요약하면 사람들이 도시에 사는 이유는 아래의 기본적인 3가지로 나타난다.

1. 상업

DRK의 후손들의 경우에서 보았듯이 도시 존재의 주된 이유는 경제적인 면이다: 도시는 돈, 물건, 서비스를 교환할 수 있는 기회를 제공한다. 도시는 부의 초점이다. 관목숲 속에서는 부를 얻을 수 없다. 만일 오일을 캐어낸다면 그 경우에 여러분은 바로 도시의 호화스런 사무실로 옮길 것이다.

2. 방어

부족 간에 전쟁을 하던 시대에 사람들은 훈련받은 군사들이 튼튼한 도시 성벽을 둘러싸고 있고 손쉽게 공급받고 대치 가능한 도시 안에 있는 것이 안전하다고 느꼈다. 가장 안전한 것은 물론 군주 또는 왕이 도시의 성벽이 자신들의 거처를 보호하고 있고 또한 자신들의 요새가 그들을 보호하고 있었기 때문이다. 요새에서 가장 중대한 위험은 요새안의 사람들 중 군주, 왕을 바꾸려는 사람들이였다.

3. 서비스

이 말의 넓은 의미는 단지 대학, 박물관, 도서관, 콘서트홀 같이 분명한 것뿐만 아니라 다른 사람들과의 새로운 만남에 대한 끝없는 자극이 있고, 호화로운 삶 그리고 큰 도시의 많은 잠재적인 쾌적함을 의미한다. 이 세가지중 앞에 두 가지는 20세기 후반이 되면서 쓸모없게 되었다. 상업과 산업은 일반적으로 도시내부로 들어오기 보다는 오히려 교외의 더 나은 공간이나 산업단지를 찾아 밖으로 나가고 있다. 시외의 쇼핑센터는 도시의 고객을 끌고 있어 도시의 백화점 들은 힘겨워하며 죽어간다. 방어에 관해서 보면 도시의 안전을 가정해보는 것이 오래전부터 큰 의미가 없어졌다. 대륙 간의 미사일과 직격탄이 사용되는 시대에 오히려 2차 세계대전 동안 완전히 파괴된 것처럼 도시가 피난처라기보다는 주요 목표라는 것이 그 이후로 명확해졌다. 이제 남아 있는 것이 세 번째 항목인데 문화와 호화로움, 쾌적함은 여전히 서비스와 함께 어울려 가고 있다. 문명의 보석왕관으로 서비스가 계속 존재하는 것을 정당화하기 위해 도시는 아름답고, 공원이 있고 넓은 가로수길, 도서관, 박물관, 극장, 화려한 레스토랑이 있는 도시가 되어야만 한다. 이 모든 것은 계획을 의미하며 그것은 건축가가 참여하는 곳에 있다.[1)]

일부 몇 도시가 짧은 기간의 계획으로 설계 되었다. 우선 생각나는 것이 Osacar Niemeyer의 Brasilia와 Le Corbusier의 Chandigarh인데 뚜렷하게 성공한 것은 아니다. 좀 더 오래된 실 예로 파리와 워싱턴은 짧은 시간에 설계된 것이 아니지만, 기존 도시에 새로운 도시계획 형식을 포함하는 큰 계획으로 재설계 되었다. 건축가들이 도시설계를 맡게 될 때 이것은 건축가에게 매우 매력적인 것이다. 그는 사방으로 뻗어나가는 오래된 길, 모든 게 뒤범벅인 지역, 복잡한 교통, 어느 곳에서도 길게 내려다보이는 전망이 없는 어지러운 도시를 보게 된다. 즉시 그는 고리모양의 대 광장에 이르고, 자치도시의 기념비, 시청, 법원으로 둘러싸인 큰 콩코스를 시각적으로 트이게 한다. 그리고 광장 뒤편으로는 물론 청정한 푸른 잎의 새로운 공원에는 Olmsted's 영원히 기억하게 하는 것을 그늘진 곳에 만들어 둔다.[2)]

기존의 빌딩들, 주택들, 이웃들 등등 보이는 모든 것을 헐어내고 새 도시를 건축하기 위한 자본을 구할 수 없다는 사실이 그에게는 그리 중요하지 않다. 종이는 싸다. 공공의 시설 등에 관심이 있는 사람들이

---

1) 도시로의 귀착(Sequel to city). E. Raskin. Bloch Publishing .Co., New York. 1970
2) Olmsted, 뉴욕의 유명한 중앙 공원의 다자이너.

참여하는 시민위원회 또는 자치도시가 신경 쓰지 않는다면 적은 돈만 가지고도 그는 현란한 색채와 아름답게 표현된 그럴듯한 제안서를 작성한다. 현재 도시계획(많은 비용이 드는 최종 계획안)은 강한 인상을 주는 발표행사를 치루고 그리고 점심만찬 후에 건축설계자들은 박수갈채를 받는다. 그리고 그 도시 계획안은 실현되지 못하고 시청의 지하에 보관하게 되는데 언젠가 관심이 많은 역사가가 발굴해낼 때까지 묻혀 있다.

도시는 어느 면에서 아이와 같다. 그들을 부양해야하고 때로는 안내자가 되기도 해야 하고, 결정적인 순간에는 "예", "아니요"라는 말을 해줘야 하지만, 대체로 본연의 성질과 필요에 따라 성장한다. 사람들이 보석처럼 아름답고 문화가 있는 도시를 진실로 원할 때 그때가 되어서야 그러한 도시를 갖게 된다. 한편, 지금까지의 저자의 독단적인 내용을 부드럽게 하자면 건축가에 의해 해야 할 것이 아직도 많이 있다.

첫째, 건축가는 도시계획이 건축보다 보다 넓게 사회학에 속한다는 생각을 해야 하고 계획가는 협력자라기보다는 통계학자라는 생각을 영원히 버려야만 한다. 그러한 사실을 건축가가 받아드리지 못하거나 계획가의 기술을 사용하지 않는다면 건축가는 결코 그가 얼마나 많은 사람과 어떤 부류의 사람들을 위해 디자인하고 있는지, 사람들이 어떤 곳에서 살고 있는지, 원하는 것이 무엇인지, 무엇이 그들 자신을 구하는 것인지 결코 알 수 없으며 그렇지 못하면 바람직한 계획안을 제시할 수 없다.

둘째, 건축가는 도시계획의 과정이 계획을 그리는 것으로 끝나는 것이 아니라는 것과 해마다 바뀌면서 계속 진행되고, 주위상황에 따라 새로운 요구에 따라 발전해 가야 한다는 것을 이해하여야만 한다.

그러므로 그는 보상을 바라지 않고 도시에서 필요로 하는 것이 무엇이든, 시청이나 정부의 도시 관련 계획국 또는 지역개발 관련 부서에 봉사할 준비가 되어있어야 한다. 왜냐하면 그의 경험은 진행과정에서 꼭 필요한 것이기 때문이다. 신학교, 소방서, 대로 또는 공원 등의 필요성이 발생하기 때문에 그는 기꺼이 시간을 내고 자신의 재능을 활용하여 얼마나 많이, 어떤 종류를, 어디에 지을 것인가 결정하는데 도움이 되도록 해야 한다.

셋째, 그는 어떤 방향으로 도시가 발전해 나갈지에 대해 알 수 있는 지혜도 갖추어야만 한다. 생활조건, 문화적 기회, 일반적인 쾌적함, 그리고 개인적인 프로젝트가 설계하기에 괜찮은 조건이나 그가 보기에 그 계획안이 도시의 이익에 잘 부합되지 않으면 거절할 수 있는 적절한 용기가 있어야 한다. 분명히 그러한 설계제안을 제시받지 않은 경우가 2가지 요건을 충족하기가 쉽다. 비록 항상 그렇지는 않지만 이는 왜 나이 많고 경력 있는 건축가가 젊고 경험이 부족한 사람보다 이상적이지 못한가하는 이유이다.

넷째, 고층사무실 창을 통해 밖을 볼 때, 단지 도시의 스모그를 뚫고 솟아있는 이웃건물의 꼭대기를 보고 연필을 손에 쥐고 있는 건축가는 그 건축물에 수천 명의 사람들이 냄새나는 큰 자동차를 타고 일하러 온다는 사실을 알아야만 한다. 그리고 좋은 옛 건물들이 비인간적이고 번쩍거리는 건축물을 만들기 위해 철거되는 것을 볼 때 왜 그 건축물을 보존 할 수 있도록 위원회에서 노력하지 못하였는지를 자문해 보아야 한다.

요약하면, 도시경관은 설계와 계획에서의 문제보다 더 많은 문제가 있다.[3] 우선 인간의 가치와 목표 그리고 개인의 의무에 대한 인식의

3) 마스터 플랜은 통계적 정보, 지리적이고 인구통계학적인 조건, 사회적으로 요구되는 것

문제이다. 도시가 추해지면 거리 또는 건물을 보지 말고 그렇게 만든 사람들을 보아라. 그 사람들의 심장, 영혼 그리고 마음들을 들여다보아라. 이런 것들이 아름다워지면 도시도 곧 그렇게 된다.

과 경제적인 목표의 표현이며 이러한 목적이 성취되었음을 나타내는 도면이다. 거기에다가 그 계획을 성취하기위해서 법적이고 조직적이며 기구를 세우는 것이 가장 중요하다.

16장 음향과 조명

Acoustics and Lighting

기차역 혹은 공항의 음향은 성당의 그것과 거의 같다.
사람들이 여행을 떠날 때 그들은 신의 손안에 있다는 것을 자동적으로 느낀다.

1

바닥이 타일로 되어 있고, 천장과 벽이 미장되어 있는 식당에서 식사를 하려고 했었다면 이 방을 설계한 건축가는 방을 디자인한 것 이상으로 여러분을 위해 좀 더 많은 노력을 기울였다는 것을 여러분은 알아야한다. 건축가는 여러분의 소화, 혈압 그리고 친구관계에까지 영향을 끼쳐왔다. 딸그락거리는 접시와 은제품 그릇의 소리가 딱딱한 표면 사이에서 앞뒤로 반사되고 식사하는 사람들 사이에서 말소리를 크게 하여 마침내는 참을 수 없는 고함을 지르게 된다. 이와 유사하게 음향에 대한 무지와 부주의는 예술가와 예술을 찾는 청중에게 큰 악영향을 준다.[1)]

건축가는 우리에게 크게 영향을 주는 음향의 문제를 다룸으로써 음향에 대한 지식을 전문적인 훈련의 필요 부분으로 생각해야 하는 것

---

1) 뉴욕의 링컨센터에 있는 필하모닉 홀도 음향 조정을 위해 30여년 정도 이러한 과정을 겪었다.

이 건축가의 책무가 되어가고 있다. 그렇지만 불행히도 건축은 최근까지 시각예술이라고 생각되고 있고 그러한 생각으로 음향 문제를 기껏해야 부차적인 문제로 취급하고 있다. 복잡한 음향 문제는 대단히 어렵고 전문가를 필요로 하지만 관련된 원리는 간단하다. 이러한 원리를 잘 이해하는 건축가는 절대 큰 오류를 범하지 않는다. 요소는 다음과 같다.

1. 볼륨: 볼륨, 강도 또는 소리의 크기는 관련된 음의 레벨과 관계가 있다. 그리고 이것은 데시벨로 측정된다. 속삭이는 소리, 나뭇잎 밟는 소리는 약 10dB, 조용한 집은 40dB, 타자치는 바쁜 사무실은 80dB, 지하철은 100dB, 공기압을 사용하는 드릴은 110dB 제트기가 이륙할 때 소리는 120dB 그리고 아픔을 느끼기 시작하는 부분은 125dB이다. 락 밴드의 음악은 데시벨로 표시할 수 없다. 그러나 이런 환경에서 공연하는 음악가는 15% 정도의 청력을 잃는다.

그러므로 볼륨에 관해 생각해 보면, 건축가는 그가 설계한 건물에 오는 사람을 소음으로부터 보호하는 것이 첫 번째 임무이다. 이중 외피와 밀도가 높은 방음재를 벽에 사용함으로써 소리의 전파를 줄일 수 있다. 특히 건물 안팎으로 기계류의 소음에 신경을 써야 한다. 그리고 현대 기술의 집합체인 배관시설에는 약간의 소음이 있지만 이를 줄여 사용에 불편이 없게 설계하여야 한다. 음향장치 남용 사용자를 제거하는 계획을 제외하고는 일시에 확성기를 통해 퍼지는 소리를 막기는 어렵다.

2. 반사음: 음파는 우리 귀에 한번 들리는 것이 아니라 주변 환경, 즉 벽과 벽 사이, 바닥, 천장에 반사 되어 튀어 나오면서 서서히 줄어

들며, 완전히 사라질 때 까지 들린다. 초기음이 점점 작아지는데 걸리는 시간을 우리가 잘 알고 있는 '잔향 시간'이라 부르며 이것을't'라 표기 한다. 적정 시간의 t는 바람직하다. t는 볼륨을 크게 하면 길어지는데 예를 들어 극장의 경우처럼 여러분이 배우의 소리를 보통 목소리로 들을 수 있는 것도 이러한 이유이다. t가 잘못 계획된 죽은 공간에서는 말하는 사람의 목소리는 거의 들을 수 없고 음악 소리 또한 작다. 반면에 t가 너무 큰 살아있는 공간에서는 명료하지 못한 발음과 소리의 울림으로 목소리가 중복되며 이런 현상이 교회나 졸업장 같은 곳에서 흔히 일어난다.

일반적으로, 말하는 용도로 건축된 공간은 콘서트홀보다 작은 t를 필요로 한다. 왜냐하면 말은 음악보다 더 쉽게 흐릿해지기 때문이다. 어떤 경우에도 t는 홀, 룸, 강당과 같은 공간에 따라 정확하게 계산된다는 점이다. 공식을 보면 t의 결과는 벽과 천장 바닥의 소리흡수 한계치와 관계가 있다. 만일 1~0.5초의 t를 가지고 있는 방이 필요한데 계산해 보아 3초가 나오게 된다. 이 경우 천, 카펫, 구멍이 있는 벽돌 같은 재료를 사용함으로 잔향 시간 t를 줄일 수 있다. 또한 잔향 시간이 작을 경우 반대로 흡음재 대신 유리 타일, 대리석등 다른 음을 반사하는 성질을 가진 재료를 사용함으로 잔향 시간을 증대 시킬 수 있다.[2)]

3. 에코: 만일 소리가 1/16초 보다 작은 시간 안에 반복된다면, 보통사람은 초기음과 반사음을 구별 할 수 없다. 반사음은 단지 첫 번

2) 사람들 자체도 흡음체이다. 그래서 홀은 사람들로 가득할 때 보다 비어 있을 때도 살아있어야한다. 이러한 문제를 해결하는 방법은 사람의 흡음정도와 거의 동일한 의자를 사용하는 것이다.

째 소리의 연장처럼 들린다. 그러므로 이것은 반사음으로 분류된다. 그러나 만일 1/16초 보다 소리사이의 간격이 길다면, 이것은 분리 되어 들리고 메아리라 부른다. 메아리는 산이나 동굴에서는 재미를 선사하지만 콘서트홀이나 극장에서는 암적인 존재이다. 에코가 일어 날 것 같은 것을 어떻게 구별할 수 있는가? 그 실마리는 시간에 있다. 1/16초 의 시간에 소리는 약30m를 간다. 그리고 반사된 소리가 30m를 가는 경로를 따르거나 그 동일한 소리 보다 더 길 다면 청중들은 소리를 두 번 듣는다.

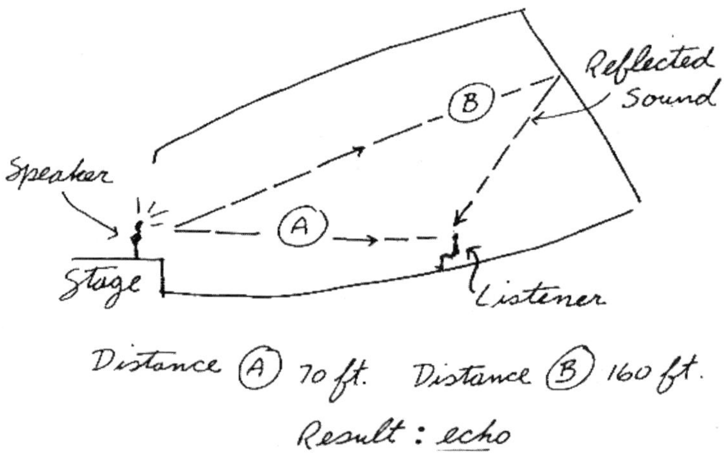

분명히 그 치료 방법은 인테리어 외관형태를 변화시켜 반사체를 제거하거나, 또한 그것이 여러 이유로 불가능할 경우 음향을 반사하는 표면을 찌그려뜨리거나, 흠집 또는 구멍을 뚫는 식으로 더 이상 반사되지 않게 한다.[3)]

---

3) 45피트(15m) 이하의 방들은 메아리(에코)를 일으키지 않는다. 같은 음을 두 번 이상 듣는 사람은 무대벽에 반사되는 음을 듣는 말하는 사람 자신이다.

4. 초점: 둥근 형태의 평면과 단면을 가진 공간에서는 소리가 반사되는 위험이 있고 전체에 균등하게 퍼지지 않고, 소리가 한곳이 집중된다. 벽면의 양옆이 안쪽으로 기울어져 있을 때 발생하는 대부분의 반사음이 홀 중앙으로 모인다. 그러므로 홀에서는 소리가 극도로 크게 들리는 곳이 있고 또 어떤 곳은 거의 들리지 않는다. 왜냐하면 단지 한 방향으로 음이 집중되고 아주 큰 홀에서는 그런 음이 등분포되지 못하기 때문이다.

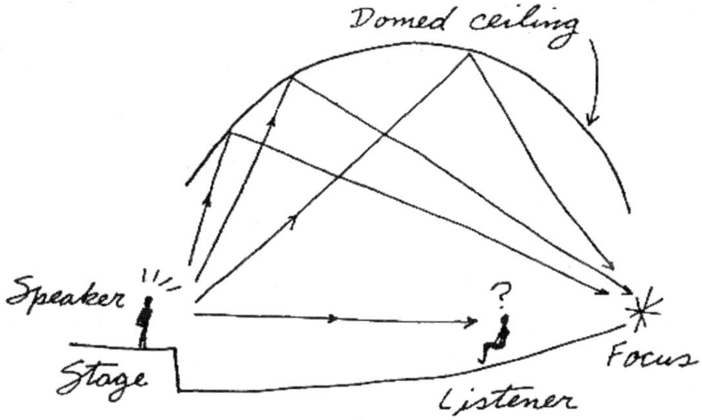

마이크와 여러 음향장치로 많은 음향문제가 어느 정도 해결은 됐지만 어떤 것은 아직도 문제로 남아 있다. 예로 소리의 품질 문제가 있다. 정교한 기술로 만든 복잡한 장비는 가장 뛰어난 뮤지션이 인정할 정도의 좋은 소리를 만들 수 있다. 그렇지만 이것은 현실에서는 잘 실현되지 않는 이상적인 것이다. 대부분 확장된 소리는 있는 그대로 확대된다. 그리고 상당수 라이브 공연에서 개인적으로 표현한 효과가 대부분 사라질 뿐만 아니라 음악적인 미묘한 느낌과 음색의 섬세함 또한 느끼기 어렵다. 최악의 상황은, 휫슬, 쉿쉿거리는 소리, 쾅쾅거리는 소리와 음이 일그러지는 소리가 너무 지나쳐서 사업을 엉망으로 만든다.

5. **주변환경**: 음향학에 관해 마지막으로 언급 할 수 있는 것으로 주변 환경을 들 수 있다. 사람들은 교회에서 작은 소리로 이야기 한다. 그리고 우아한 식당에서 식사할 때 큰소리로 말하지 않는다. 그렇게 하지 않으면 그들은 다음 번에는 예약하기 어렵다. 반면에 낮 또는 밤에 이용하는 디스코텍은 껄끄러운 공간이다. 그 곳은 담배 연기로 찌든 냄새와 죽음의 공기로 가득하고 소리 이외에는 그 어느 것도 필요 없다. 그 공간은 단지 터질 듯한 소리만 필요해서 장식이 없어도 상관이 없다.

간단히 말해 소리의 효과, 품질은 건축의 구성요소이다. 음향을 잘 모르는 건축가는 좋은 건축가가 될 수 있는지 의심스럽다. 다시 말해 많은 건축가가 음악애호가라는 것은 그리 놀라운 일이 아니다. 결국, 건축을 얼어붙은 음악이라고 묘사한 사람이 괴테 아니었던가?

2

주변을 보는 데는 빛이 필요하지만 그러나
종종 어둠 속에서 찾는 진실이 더 많다.

조명과 음향은 이 장에서 함께 취급한다. 왜냐하면 어느 경우에 관련 된 것을 또 다른 것에 적용할 수 있기 때문이다. 물론, 둘 중에서 조명은 눈에 쉽게 지각되기 때문에 건축에 보다 직접적인 영향을 준다. 조명은 부피감, 높이, 글씨, 색, 장식등을 지각 할 수 있도록 한다. 간단히 말해 이 수단을 통해 건축이 상호 소통하는 기계적인 중간 매체이다. 이러한 의미는 우리가 이미 깊게 다루었던 것과는 또 다른 이야기이다. 지금 우리는 과정에 관심을 두고 있다.

조명, 너무나 흔하게 여러분 눈을 가늘게 뜨고 선글라스를 찾을 때가 있다. 종종 보려고 신경을 바짝 쓰면 두통을 느낀다. 당연히 보는 임무가 무엇이냐에 따라 적정 조명의 밝기를 달리해야한다.

만일, 슈퍼마켓에서 좋은 멸치젓의 종류를 찾고 있는 중이면, 여러분이 본 라벨에서 최고 조도가 필요하다. 그러나 분위기 있는 식사와 함께 프로포즈할 계획이라면 여러분은 약간의 빨강색이 감돌고 촛불이 있는 분위기 있는 어두운 장소를 원할 것이다.

극장에서는 종합적인 조명이 필요하다. 관람석에서는 단지 좌석을 찾을 수 있을 정도의 빛, 공연 무대에는 분위기 있는 장면을 위한 조명을 제외하고 공연을 보기 위한 충분한 조명과 감독이 여러분에게 그 장면을 작고 세심하게 보여줄 수 있는 정도로 충분한 조명이어야 한다.

조명은 촛불의 척도로 나타낸다. 조명은 피트 촉광 이라는 단위로 사용되며 피트 촉광은 1개의 촛불로 1피트 떨어져 거리를 비추는 빛이다.[4] (일반적으로 측정되는 것은 빛의 양보다는 빛의 밝기이다. 예로 정육점에서는 600w, 채소 가게는 200w, 화장품 판매점에는 400w가 쓰인다.[5])

---

4) 빛의 양은 루멘으로 측정되는데 이 루멘은 1 피트 떨어진 곳의 1 평방피트당의 빛의 양을 말한다.

5) 이 숫자는 재미있게 표현한 것이지만 실제로 그러하고 상업적인 전시의 경우에는 전문적인 연구가 필요하다.

6. 배분: 전체 공간을 대상으로 조명하고 있는 룸, 홀, 전시장, 터미널에 있는 조명을 일반적인 조명이라 부른다. 이것은 편안하게 움직일 수 있는 충분한 조도의 빛을 필요로 한다. 그래서 레스토랑의 테이블, 가게안의 카운터, 터미널의 티켓 판매소 등등에서 볼 수 있다.

메뉴를 읽거나, 예치금 전표를 쓸 때, 화장을 고칠 때 등의 특수한 일과 같이 좀 더 집중이 필요로 하는 공간에는 보다 강한 빛을 필요로 하는데 이것을 국부 조명이라 부른다.

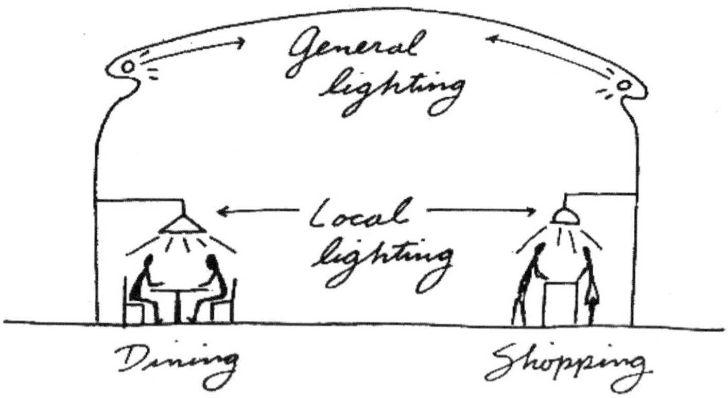

정확하게 소리와 똑같이, 반사되는 표면은 중요한 역할을 한다. 하얗고, 부드럽고, 빤짝이는 천장은 일반 조명의 효과를 증대 시키고 반면에 어두운 면이나 주름이 많은 천 경우에는 직접적인 빛이 강함에도 불구하고 국부 조명에 의한 빛이 퍼지는 것을 막아준다

7. 섬광: 일반적으로 섬광이라 하면 극도로 눈부신 빛이 눈이나 호수에 비치는 빛을 들 수 있다.6) 그 이외에도 눈의 망막에는 빛에 민

6) 강한 빛을 차단하려는 동공이 감당 못하는 너무 강한 빛은 불쾌할 뿐만 아니라 고통을

감한 두 종류의 말초신경이 있는데 하나는 밝은 빛과 색을, 다른 하나는 어둠을 지각한다.[7] 한 개의 신경이 작동하면 다른 신경은 꺼져 있어 작동을 안 한다. 그 예로 밝은 빛에 있다가 영화관에 들어갔을 때 여러분은 순간적으로 사람, 좌석, 통로 등 아무것도 볼 수 없다. 그 이유는 밝은 영역에서 작동하는 신경에 필요한 충분한 빛이 없고 반면에 어둠 속에서 작동하는 신경이 작동하는데 어느 정도 시간이 걸리기 때문이다. 이와 유사하게 여러분이 극장을 나갈 때 아직 해가 떠 있으면 거리는 더 밝아 보이고, 빛에 반응해 눈을 똑바로 뜰 수 없다. 다시 말해 이러한 사실의 중요한 점은 단지 한 세트의 수용체가 그 때에만 작용한다는 점이다. 동시에 작용하려할 때 그것을 적절한 용어로 섬광이라 부르는 불쾌한 느낌을 경험하게 된다. 어두운 공간에서의 한줄기 빛이 섬광을 일으킨다. 검은 상자의 안의 촛불이 섬광을 일으킨다. 반대편에서 다가오는 차의 헤드라이트가 섬광을 일으킨다. 간단히 말해서 동시에 밝음과 어둠이 극심한 정도로 빛 수용체를 자극할 때 우리는 눈부심을 느낀다.[8]

8. **주변 환경**: 음향에서도 이런 이치를 발견할 수 있다. 어떤 무대 배경은 적당한 조명을 필요로 하다. 그렇지 않은 경우는 심각한 문제가 있다. 만약 대성당에 불이 타오르는 듯한 영화의 현란한 조명이 있고 또는 미술관에서 조명이 그림이 아닌 관람객을 비춘다고 상상해 보자. 켈리포니아에 있거나 가 보았다면 여러분은 아마 파랑, 노랑색 등의 색이 있는 수풀과 밝은 녹색의 빛이 나뭇가지를 비추고 있는 것

수반한다.

7) 원추체와 시신경의 간상체

8) 이러한 것은 우리가 왜 실내에서 텔레비전을 볼 때 전등을 켜 놓도록 하는지 이유이다. 적당한 빛의 양도 양쪽에서 자극을 받으면 눈의 긴장과 피로를 가져온다.

을 보았을 것이다.[9)]

튀어온 면에다 밤에 특수조명을 외관에 사용한 천재적인 흥행술이 흔히 건축 조명으로 표현되고 있다. 최근에 넓게 사용하고 있는 투광조명은 도시 풍경을 변화시키고 있다. 또한 튀어 나온 면은 건물의 형태를 만들어 내는 건축가들에게 점점 인식이 높아져 가는데 특히 건축물에 넓은 유리면일 있을 경우 더욱 더 조명인테리어에 관심을 갖는다. 맨하턴의 중앙부의 경우에는 겨울 해가 질 무렵 건물에 조명을 비추어 형용할 수 없는 아름다운 곳으로 변화 한다. 조명 기술의 사용함에 있어 실패한 건축가는 효과의 한계를 극도로 느낄 것이고 반면에 이것을 감각 있게 제대로 사용한 건축가는 창조의 기쁨을 만끽한다.

9) 이것은 캘리포니아를 비난하는 것은 아니다. 그러한 정원은 어디서나 볼 수 있다. 그러나 켈리포니아가 그 정원의 원조인 것이다.

17장 장식

Ornament

*건축은 '예술의 어머니' 라고 불리는 것은 건축이 여성적이다라는 것을 의미한다.
그러므로 모든 여성들이 꾸미지 않은 채로 밖에 나타나는 것을 꺼리는 것처럼
건축도 그러하다는 것은 그리 놀라운 일이 아니다.*

우리는 보통 장식을 어떤 물체의 표면에 적용 되는 추가 가능한 것, 어떤 때에는 제거 할 수 있는 것으로 생각한다. 그러나 실제로 원시 시대부터 장식은 빌딩, 직물, 투창과 같이 디자인된 물체의 중요한 한 부분이며 구성 요소이었다. 예를 들어, 화살에 있는 깃털은 화살이 똑바로 날도록 해주는 기능적 역할을 할 뿐만 아니라 깃털을 통해 사냥의 신에게 성공을 비는 주술적인 의미를 가지기도 한다. '예리한 시력은 적을 죽게 한다.'와 같은 그들의 모토를 표현하기 위해 화살대를 색칠하거나 조각하기도 했다. 직물은 종종 '행복한 모성애(Happy mother-hood)'같은 패턴이나 디자인을 갖고 있다.[1] 반면, 빌딩의 경우 가장 원초적인 것에서부터 진화된 건축물까지 사람들의 의식속에서 있는 구조물의 완전한 확고함을 기대하는 상징이나 조각, 형상을 갖고 있다.[2]

종교적 의식이 사용된 요소들이 종종 사회에서 사용되는 어휘의 의

1) 과테말라의 농부들은 악몽을 쫓는다는 문양의 담요를 덮고 잔다.
2) 예를 들면 종교적인 중요성과 건축을 구별하기 어려운 현재의 교회 건축의 모든 부분을 생각해 보아라.

미가 변화함으로 인해 본래의 뜻이 사라진 이후에도 그 건축물의 영원한 일부분으로 남는 경우가 많이 있다. 예를 들어, 어떤 특정일을 기념하여 고대 사원의 기둥에 조각된 아칸서스 잎은 현재 그 특정일과는 아무런 연관이 없더라도 장식 돌에 새겨진다. 또한 이집트 시대의 건물 기둥에 나타나는 소맥 묶음들은 조각되고 금박을 입히고 있지만 이제는 더 이상 수확과 관련된 어떤 의미를 갖지는 않는다.

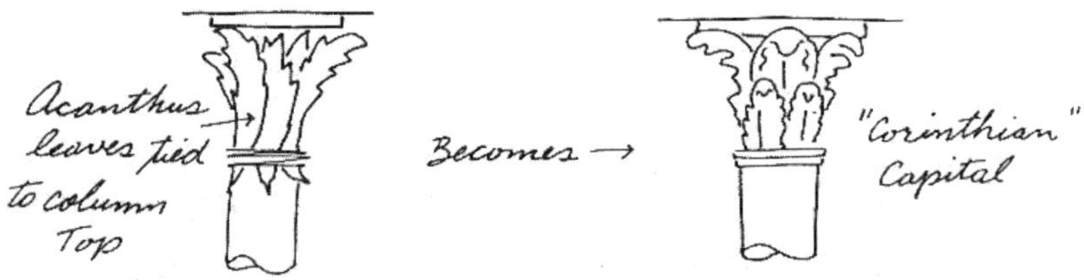

장식의 원래 의미나 종교적인 뜻이 오랫동안 잊혀졌더라도 예전에 그 건물이 어떻게 사용되었는지 알 수 있고 같은 구조물의 특성과 특질을 적절히 표현하고 있다. 이러한 것은 단지 소유주의 개인적인 취향을 표현하는 것 이상으로 건축물의 중요함이나 우아함의 정도를 표현하고 있다. 어떤 경우 장식은 표면적인 아름다움만을 추구할 뿐만 아니라 구조물의 필수 불가결한 부분일 수도 있다. 물론 이것은 다소 이상적인 첨부 방법이다. 불행히도 당식의 의미는 제대로 잘 알지 못하는 건축가를 포함한 많은 사람들이 장식을 전체를 위한 구성 요소로 인식하지 않고 단지 추가적이고 외적인 미를 추구하는 것으로만 생각하고 있다는 사실이다. 아마 이런 접근은 근대건축물의 기능주의나 실질주의 시대로부터 기인한다. 이 시기에 모든 종류의 장식이나 꾸밈은 감성적이거나 전통주의적, 최악의 경우에는 반동적인 것으로 간주되었다. 20세기 후반 변동기에는 또 다른 방향으로 다시 한 번 우리의 부모, 조부모들이 그랬던 것처럼 기존의 패턴, 칼라, 조각의 사치스러움이 점차 허용되고 있다. 주된 차이는 수작업으로 행해지던 일들이 기계로 대체되었고 합성 물질을 사용하는 대량 생산으로 질적 성향이 달라졌다는 것이다.

이런 것을 고려해 보았을 때, 훌륭한 건축가는 장식의 아름다움뿐만 아니라 그 장식이 내포하고 있는 사회적 근원이나 기능도 중요하게 고려해야 한다는 것은 분명하다. 장식은 언어이며 건축 언어의 일부분이다. 장식이 쓸데없는 가시적인 꾸밈 그 이상이 되기 위해서는 의미를 갖고 있어야만 한다. 건축물을 이해하려는 사람들에게 장식에서 찾을 수 있는 어느 정도의 의미는 필요하다.

전통 방향성(Orientation). 장식이 필수 불가결하고 분리할 수 없는 건축물의 일부라고 생각한다면 장식과 건축물은 사람들에게 그 구조물의 첫 인상을 결정한다. 첫 인상으로 부터 어떤 종류의 건축물인지, 어떤 의미로 지어졌는지 알 수 있다. 예를 들면, 조각물로 장식된 박공벽과 열주로 이루어지고 계단 측면에 돌로 조각된 사자가 있는 건물 외관을 보게 되면 쉽게 그 건물이 박물관이나 법원 같은 보수적이고 전형적인 부류의 국가 기관 빌딩이라는 것을 알 수 있다. 장식의 특성, 조각의 스타일과 주제의 문제가 기본적인 건축 이념과 일치해야 한다. 그렇지 않으면 모든 것들이 캐리커처처럼 보인다.[3]

반면, 성격은 공공기관 같은데 장식적 요소는 현대적이고 조각이 현대적인 동시대의 건축물을 보면 진보적인 대학, 아트센터, UN의 대리기관과 혹은 어떤 새로운 신식의 건물로 인지하여야 할 것이다. 구

3) 어떤 사람에게는 역사적인 건축 양식을 흉내 내는 것이 어쨌든 충분히 정신적으로 고통스러워 서투른 모방이 될 수도 있다.

조적인 형태만큼이나 이야기를 전해 주는 것이 장식이라는 것을 명심해라.

극적인 대비를 해보기 위해 할리우드 선셋 스트립에 디스코텍을 상상해보자. 의도적으로 괴상하고 야릇한 모습을 하는 전자 음악, 영상, 환각적인 불빛이 혼합된 멀티미디어 예술을 공연한다는 의미를 전달하면서 중요한 점은 과다하지 않은 범위에서 구조물의 한 부분으로서 장식은 전체로부터의 분리되지 않고 연속적으로 인식되어야 한다는 것이다.

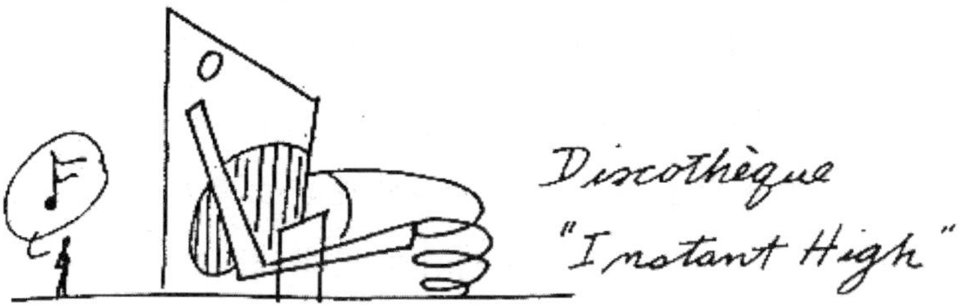

방향(Direction). 사람의 눈은 단조로운 부분을 재빨리 훑고 벽화나 조각 같이 시각적인 관심이 있는 곳은 시선을 오래 두는 경향이 있다. 그리고 눈이 머무는 곳으로 걸음의 방향이 따르기 마련이다. 천정 같이 발길이 갈 수 없는 곳이라 하더라도 주의를 끈다.

그래서 건축가들은 사람들의 시선을 잡기 위해 또는 건축물로 발걸음을 이끌기 위해 이러한 점을 이용하기도 한다. 예를 들면 외부에서 장식을 이용해서 입구가 어디인지 알려줄 수 있고, 이로 인해 첫 방문에서 겪을 수 있는 불편함을 없애줄 수 있다. 내부 장식에서 장식의 위치 또한 중요하다. 예를 들어 강하게 장식을 한 망토가 방을 얼마나 압도할 수 있는지 또는 장식이 없는 벽난로가 얼마나 빨리 시선을 잃어버리는지 생각해 보라. 공공빌딩에서 효과적인 로비와 출입구의 역할은 장식에 달려있다고 할 수 있다. 장식의 기능을 충분히 살리지 못했을 때 나타난 현상으로서 회화나 조각이 입구 근처나 가까이 보이면 그 결과는 긍정적이지 못하다. 건물을 떠나려고 하는 사람들은 시선을 잡을 필요가 없다. 심리학적으로 그들은 이미 외부문쪽으로 기울어져 있어 다음 행동은 정해져 있다. 입구의 경우에 장식이 충분히 시선을 끌면 그것은 행위에 속도를 줄이며 다음 행동을 지연하게 만든다. 그래서 통행을 방해하게 된다. 또한 이것이 상대적으로 작은 부분이기는 하지만 빛의 밝기가 입구와 출구 사이에서 상당히 변한다. 들어오는 사람의 경우 적응 시간이 필요하기 때문에 그곳에 있는 장식은 잘 보이지 않는다.[4)]

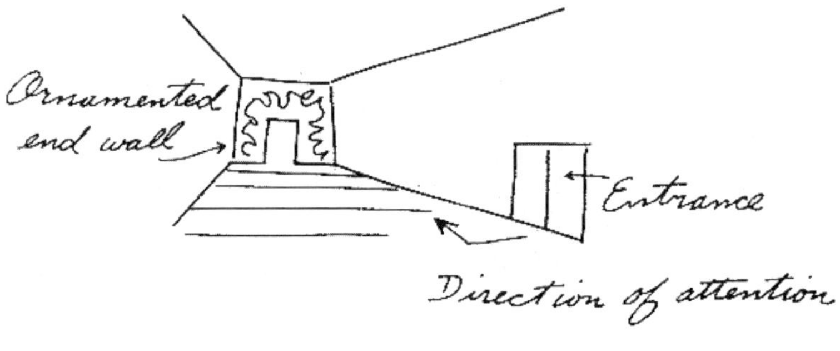

공공건물, 몰, 플라자와 같은 넓은 지역에서 장식은 사람들의 관심을 집중시키는데 성공적으로 사용된다. 그래서 사람들이 초점 없이 방황하는 것을 피하게 해주며 동시에 길을 잃은 듯한 느낌을 주기도 한다. 정원에 있는 동상이나 공원에 있는 분수, 로비에 있는 벽화, 이런 보이는 것들이 건축적으로는 매일매일 좋은 역할을 한다. 그것들

4) 뉴욕 록펠러 센터의 RCA 빌딩의 로비에 있는 벽화는 이러한 이유로 잘 보이지 않을 뿐만 아니라 눈높이와 너무 동떨어져 있는 위치에 잘못 놓여 있다.

을 단순히 아름다운 것 또는 쓸모없는 감상으로 생각하는 것은 공정하지 못할 뿐만 아니라 장식의 진실된 기능을 이해 못하는 것이기도 하다. 물론 대 건축가가 장식을 여기 혹은 저기에 놓도록 화가와 조각가를 이해시켜야 하는 것은 또 다른 문제이다. 이를 경험해본 아주 적은 수의 건축가는 장식 사용하기를 꺼리는 경향이 있다.

붙박이 장식. 물론 재료에 포함된 것을 제외하고는 많은 건축은 화가와 조각가 사이의 불필요한 논쟁을 없애는 효과를 내며 붙박이 장식을 가진다. 예를 들면, 대리석 조각물은 수많은 색과 배열을 나타날 수 있다. 미세한 모양을 가진 대리석은 그 자체로 아름다울 뿐만 아니라 그것과 연상되는 솟아오르는 아이디어를 만들기도 한다. 잘 장식되어 있는 대리석을 페인트칠 하는 사람은 정신 치료가 필요하다. 무수한 색과 패턴을 제공하며 나뭇결이나 토관으로 장식되는 매혹적인 나무들도 있다.[5] 이런 종류를 우리는 자연적인 장식이라고 부른다. 붙박이 장식의 또 다른 종류는 패턴이 몰딩에 의해 미리 정해져서 목적에 따라 공장에서 미리 만든 콘크리트 부품 블록, 테라코타 건축재 등이 있다. Edward Darrell Stone과 Frank-Lloyd Wright 후세는 이런 종류의 장식 옹호자이다. 정확한 크기, 성격, 장식의 위치는 직접적으로 건축물에 반영된다.

취향(Taste). 이 장에서는 건축물에 대한 취향을 다룬다. 사람들의 취향을 예측하는 것은 불가능하다. 누가 알 수 있겠는가? 어떤 이는 추상적인 화법에 극도의 증오감을 키우기도 하고 금박의 케루빔에 열광할 수도 있다. 또 전형적인 연회장에서 벽면 장식 모티브로 할아버지가 모아둔 수레바퀴를 사용할 수도 있다. 이런 취향의 반영에 대해 어떤 건축가는 역겨움을 이겨내기 위해 위장약을 먹고 어깨를 한 번

5) 이러한 모든 장식은 인조 형태로도 구입 가능한데 철학적인 논쟁을 불러일으킨다.

으쓱하며 고객이 원하는 대로 할 수 있다. 다른 일부 건축가는 고객이 복종하도록 위협할 수도 있을 것이다. 예술 우호가인 신사적인 건축가는 이 문제를 보다 부드럽게 다룰 수 있을 것이다. 순간순간에 생길 수밖에 없는 짜증을 잘 통제할 수 있다. 다시 말해, 취향에 있어서 기호의 문제는 건축가와 고객이 접촉하지 않는다면 원래 의도와는 다르게 서로의 기호를 잘못 이해 할 수도 있다. 경우에 따라서는 본래의 의미와는 다르게 반대의 의미가 더 강하게 전달되고 일반적으로 장식된 것들이 잘못 인지되어 더욱 잘못된 인상을 줄 수 있다. 그러나 다른 측면에서는 절충물이 있다면 대립 이미지를 흡수하고 생각했던 것만큼 나쁘지 않을 수 있다.

전체적인 장식(Total Ornament). 장식을 건축의 필수적인 한 부분이라는 것을 인정한다면 전체 구조물 자체가 장식이 될 수 있다는 것도 인정해야 한다. 사실 많은 건축가들이 시대를 통해 다양하게 생각해 왔다. 가장 분명한 예로 우리가 바로크라고 부르는 시대에는 건축물은 조형 매개체로 받아들여졌다. 형태는 녹여져서 무엇이 구조물이고 장식인지 구분할 수 없을 때까지 변형되었다.

가장 폭넓은 시각으로 보면 건축물은 인간 환경을 위한 장식이다. 도시풍경이나 마을도 그런 면에서 빌딩으로 장식된다. 개인적으로 빌딩의 건축 개념, 디자인, 건축, 장식과 관련하여 아무 연관이 없다 하더라도 왜 그들이 시민들의 빌딩에 대해 개인적인 관계의 감정을 느끼는가 하는 이유가 될 수도 있다. 이를 보면 예를 들어 뉴욕커는 리버 하우스를 보기를 좋아하고 마치 그들의 연인을 보는 것처럼 또는 보여 지는 것처럼 빛나는가를 설명해준다. 그러나 월드 트레이드센타를 우연히 보면 그들의 눈이 부신지를 알 수 있다.

끝으로 장식은 자부심의 문제이다. 그에 관해 말하자면 많은 빈민가 주민이 노후화 된 주택의 거무죽죽한 바깥벽을 화사한 디자인과 색으로 색칠하는 것을 알게 되는 것은 흥미로운 사실이다. 분명히 자부심은 전 세계적으로 일류 보편적인 감정이다.

18장 건축 실무

The Practice of Architecture

의사나 변호사, 건축가 같은 어떤 전문가가 자신의 작업을 '실무'라고 말한다면,
그는 자신이 모르는 것이 많다는 것을 고백하는 것이다.
또한 계속해서 배우고자 하는 기특한 의지를 표현하는 것이다.

1

예술적으로나 성적인 면에서 또한 기술, 과학, 산업 경제등과 같은 인간 활동의 모든 분야에서 빠르게 변화하는 시대에, 그 시대의 있는 상황을 과장되게 표현하는 것은 무모하다.[6] 그래서 우리는 두 부분으로 나누어 건축실무의 문제를 다룰 것이다. 그것이 어떻게 지금까지 이어져 왔는지 그리고 두 번째로 그것이 어떻게 어떤 개념적인 방향에서 변화하고 있는지를 알아본다. 이것을 염두에 두고 건축설계는 서비스를 제공하는 직업이라는 것 –즉 땅이나 건물을 사거나 파는 것이 아니다. 예를 들어 건축업자는 건축으로 이익을 얻지만 이와 다르게 그런 것처럼 건축가는 건축과정에서 어떤 이익을 취하지 않는다는 것이다 – 을 재차 반복하면서 시작해 보도록 하자.

건축가는 조언자인 디자이너로써 전문적인 기술을 판다. 이런 서비

6) 이러한 제한된 설명에 장소를 설명하는 것을 추가한다. 이 표현은 1973년 당시의 미국에 관한 것이다.

스의 대가로 그는 설계비를 받는데, 이 설계비는 대체적으로 건물의 공사비를 근거로 매겨진다. 주거용도 건물에 대한 설계비는 10% 정도이다. 그래서 5만 달러 집에 대한 설계비는 5천달러 정도가 된다, 그 건축가가 자신이 다룰 수 있는 것보다 많은 설계를 거절할 수 있는 이름 있는 건축가를 만약 건축주가 고집한다면 설계비는 이것보다 더 클 수 있다. 건물의 개조나 리모델링은 대부분의 경우 15% 정도이다. 큰 건물과 아파트, 사무실용 건물(오피스빌딩)등, 수백만 달러의 돈이 드는 건물 등에 대해서는, 설계비는 훨씬 낮은 비율이다. 왜냐하면 40층 건물을 디자인하는 건축설계 작업이 20층짜리 건물을 설계하는 것보다 그렇게 많지 않은데, 평면설계의 대부분이 반복되어지기 때문이다. 그러나 1억 달러의 5% 내지 6%는 대단한 금액이다. 매년 그런 작업을 하게 되면 건축가들은 세금에 대해 문제가 발생한다.[7]

실행되는 서비스는 세 부분 혹은 세 단계로 구분된다.

첫째, 기획 설계. 고객과의 상담, 부지 방문, 예산의 조사[8] 등을 한 후 건축가는 건물에 대한 외관과 계획도에 대한 스케치(또는 모델)를 고객의 입맛에 맞춰 준비 한다. 이것이 청사진이 아닌 스케치다. 그 스케치는 종종 고객이 완공된 모습을 가장 쉽게 볼수 있게 하기 위해서 나무와 구름, 사람들, 차등과 같은 것을 보여주는 그림을 포함한 그림형식의 도면이다.

고객이 만족할 때, 고객은 건축가에게 일을 진행하라고 지시할 것이고, 합의에 따라, 수수료의 10%에서 15%를 지불 할 것이다(5천달러의 총 수수료를 포함한, 5만달러 집의 경우, 이 시점에서는

7) 건축설계요율은 미국 건국가협회(AIA)에 의해 발행되어 있다.
8) 제12장 재정적인 계획편을 참조하라.

500~700달러 정도이다.) 만약 그가 제시하는 안에 대하여 건축주가 불만족스러워한다면, 건축주는 건축가에게 더 많은 도면과 더 많은 아이디어를 요구할지도 모른다. 또는 의견의 합의가 이루어지지 않으면, 그는 다른 건축가를 구한다. 이런 경우에는 처음 건축가는 설계수임을 단념하고 그가 한 작업에 대한 보수로서 오직 10%에서 15% 정도를 받는다.

둘째, 계획 설계(기본 설계). 이것은 건물이 어떠할 것이라고 하는 개념적인 기본적인 생각들을 보완하는 기획설계의 확장이다. 기획 설계가 승인되면, 건축가는 꽤 많은 상세부분에 대해서 해결해 나가는 작업을 진행한다. 그렇게 해서, 복도, 방, 로비와 같은 모든 부분이 상호간 제대로 쓸모 있게 되고 고객이 필요로 하는 모든 것과 미적인 것이 예산안에서 만족된다는 것을 모든 사람이 확신할 수 있다. 이 단계에서 승인된 기획 설계에 대한 수정이 발생할 수도 있다. 그리고 계획 설계가 제대로 맞아 들어가면 계획 설계가 옳다고 확신하게 된다. 기본설계가 완성 되고 모두가 일에 대해 만족할 때 건축가는 그의 수수료의 또 다른 20~25%를 받는다. 어림잡아 1,000달러에서 1,250달러 정도라고 할 수 있다.

세 번째. 시공도. 이것은 가장 어렵고 지겨운 일의 부분이다. 건물의 모든 부분, 평면도와 상세도에 신경을 쓰고 치수를 매겨서 건물은 도면이 안내하는 대로 지어진다. 추가로 필요한 재료나 시공에 대해서 문자로 된 기술내용이 추가된다. 이렇게 쓰인 내용들을 시방서라고 부른다. 시공도와 시방서를 통틀어서 계약 서류라고 부르고, 그 계약서류에 따라 건설업자는 입찰가격을 정하고 계약을 실행한다. 계약서류가 준비되면 건축가는 건축주와 상의하여 명성이나 기존에 완성된 건물이 만족스러워 보이는[9] 몇몇 건설업자를 선택한 후 계약서류를 검사하고 그 계획에 맞춰 건물을 완성해 준다고 약속 할 수 있는 입찰 가격으로 입찰서를 제출하도록 초청한다. 봉인된 입찰은 입찰 마감일이 정해지고, 그 날 입찰가격들은 건축가와 건축주에 의해 개봉되고 그 중 하나가 낙찰된다. 가장 낮은 가격일 필요는 없지만, 가장 낮은 가격이 바람직하지 않으면 그 다음으로 낮은 가격일 수도 있다. 또는 가끔 일어나는 일이기도 하지만, 모든 입찰 가격이 거절되어 계획안은 폐기되거나 수정을 위해 설계 위원회에 되돌려 보내진다. 이런 경우 건설업자가 제안하는 것이 총액을 제한하는 입찰은 총액 입찰이라고 부른다. 때때로 박물관처럼 건축비보다 품질이 중요하거나, 건설의 속도가 가장 중요할 때 건축주는 건설업자의 공사비에 이윤 같은 고정된 부분을 추가하여 지불한다. 두말할 필요도 없이 이런 종류의 계약은 모든 건설업자들이 바라는 것이다. 어떠한 경우에라도 이 단계에서 계약서류가 마무리 될 때, 건축가는 그의 몫의 40%에서 50%정도 이상 받는다. (5만 달러 집의 경우, 2천 달러에서 2천 5백 달러 정도)

네 번째, 감리. 건축가의 아마도 가장 논란의 여지가 있는 서비스는 건물의 실제적인 건설을 감독하는 것이다. 제때에 그는 현장을 방문하여 시공도와 시방서- 계약 서류 -대로 엄격하게 일이 확실히 되고 있는지를 조사한다. 또한 그는 그 자신과 건설업자가 어쩌면 이해하지 못하는 부분이 있으면 확실하게 하도록 건설업자에게 주지시키며 추가적으로 필요한 상세도면을 작성하도록 한다.[10] 이러한 감리에 대해서 건축가는 보통 10% 정도를 받는다.

건축하는 과정의 기초 토대, 뼈대 구조, 지붕 등의 완성되는 어느

9) 공공건물의 경우 입찰은 법으로 모든 자격 있는 건설업자에게 공개되어 있다.
10) 중요한 일로 건축가는 건축물을 건축하는 동안 영구적으로 현장에서 대표자로서의 위치를 유지한다.

시점에서 건축가는 건축업자의 일이 어느 정도 마무리되었는지 작업량을 증명하는 지불 증명서를 발행한다. 이런 증명서들은 사실 건축주에 의해 예치된 기금으로부터 하도록 하는 증명서이다. 건축주는 이 돈에 대해 좌지우지할 아무런 권리가 없다. 이 돈을 찾을 수 있는 사람은 건축가이다. 물론, 그렇게 하는 것에 대한 책임은 건축가에게 있다. 그는 반드시 건설업자가 그 날짜에 공사비를 수령했음을 확인해 두어야 한다. 만약 그렇지 않으면 언제나 배관공사나 다른 하도급업자가 나타나서, 그 일에 대해 공사대금을 받은 적이 없다고 주장하거나, 건물에 대한 선취득권을 집행할 위험 요소가 있다.11)

공사에 대한 품질과 정확도 외에도, 건설업자는 명시된 기일에 맞춰 공사를 마칠 의무가 있다. 만약 그렇지 않다면, 건축주는 이사하는 기간을 못 맞추게 되는 상황에 처하게 되어 예상치 못한 비용을 어쩔 수 없이 쓰게 되는 수도 있다. 공장이나 세를 놓는 건물의 경우에는 완공되지 못한 동안 기대되는 수입을 잃을 수도 있다. 그러므로 계약서는 지연 사유가 홍수, 화재, 벼락과 같은 천재지변이 아니라면, 때때로 지연 날짜에 대해 계약자에게 손해 보상할 것을 명시하는 조항들을 포함한다. 자주 이러한 있음직한 위약금은 계약날짜보다 공사가 일찍 끝나는 날에 대한 보너스를 약속하는 것으로 균형을 이룬다.

공사가 끝나고 모두가 돈을 받게 되면, 비록 대부처럼 건물에 대한 지속적인 관심을 갖고 법적으로 그는 미래에 일어날 수도 있는 건축적인 어떠한 문제와 말썽을 돌보아야 한다는 소명을 갖고 있어야 하지만, 최종적으로 10%에서 20%를 받고 고객에게 작별의 인사를 한다. 그리고 이러한 위험에 대해 보험을 든다. 중요한 일들에 관해서는

11) 어떤 불가피한 이유로 재산에 대한 담보가 획득되지 못하거나 할 수 없는 경우 전통적으로 강제로 집행된다.

건설기간 내내 현장에서 건축가는 대표자이다. 심각한 이유라 하도라도 재산에 대한 인도 요구나 선취득권은 절대로 변동될 수 없다. 전통적으로 이렇게 집행되어 왔다.

건축가의 수입과 어떤 특별한 설계건에 쓸 수 있는 시간과 노력의 양 사이에는 확실한 상호 관계가 있다는 것은 명백하다.[7] 그가 특별히 흥미 있고 마음을 빼앗기는 다른 일로 인해 많은 시간을 설계에 투자하기 어려울 때 이미 많이 접해 본 계획에서 시간을 줄이려고 하는 유혹이 강해진다. 여러분도 서류철 속에 이미 좋은 안이 존재하는데 새로운 해결책을 갑자기 생각해내는 창의적 노력을 하겠는가? 어느 한 사람이 한눈에 아무개에 의해 디자인이 어쩌구 저쩌구 말할 때까지 아마도 많은 건축가들이 이 같은 일을 반복하고 있다는 것을 부인할 수 없는 사실을 설명하는 것이다. 이것은 나쁜 것이 아닐지도 모르지만, 건축가의 특성이 건축가 나름의 독특한 특징을 갖고 있고, 그 특징은 건축주가 그 건축가에게 오는 이유이기도 하다. 반면 관계된 건축가가 그 디자인을 할 정도로 필요한 시간과 생각 할 의지가 없는 경우 잠재적으로 찬란하게 빛나고 독창적인 디자인은 쉽게 나타나지 않는다. 그러므로 경제성이고 하는 강력한 힘이 통해 작동하면 건축가의 사회에 대한 관련 정도는 너무 밀접해서 그의 능력 혹은 그보다는 건축가의 설계가 사회적으로 제한된다. 또 다른 건축가에게 작용하고, 그리고 무엇을 어떻게 디자인하는 결정에 압력이 작용하면 우리는 모든 것을 포용하도록 한다. 임대료를 내야 할 때나 영감이 떠오르기가 쉽지 않으며 전화가 끊길지 모를 때 한 사람의 이상을 실현 하는 것은 쉽지 않다.

---

7) 19세기 독립적인 수단(기관)을 가진 신사적인 건축은 그런 문제가 없었다.

2

우리는 변화가 너무 급격해서 미래가 눈 깜박할 사이에 과거가 되어버리는 시대에 살고 있다. 따라서 앞으로 건축 실무에서 어떤 변화가 일어날 수 있을지 알려고 노력해보는 것은 중요하다. 사실 변화는 벌써 일어나고 있다. 그 이외의 다른 것들은 단지 상상해볼 수 있다. 그러나 비록 상세한 내용은 놓칠지 몰라도 뒤이어 오는 것과 보조를 맞추는 어떤 변화가 일어나고 있다는 것을 확신한다.

개인적인(독특하고 독립적인) 실무의 (엄청난 정도로) 소멸. = 개인사업

더욱 더 많은 건축가들은 디자이너, 기술자, 시방서 작성자, 조경가, 계획자들과 같은 전문가들의 단체와 관련되어 있다. 이러한 사실은 너무 명백하고 또한 너무 명확하게 필요해서 건축가들은 이제 더 이상미래를 미리 알아내는 예언자와 같은 명성을 거의 기대 할 수 없다. 정교한 건물을 짓는 기술이 급변하고 복잡성으로 인해 다른 분야의 전문과와 협력하지 않으면 운영하기가 불가능하게 만든다.[8] 사회에서 건축의 역할에 관해 이것이 의미하는 것은 두 가지이다. 하나는 건축가의 창의성이 독자성 부분에서 어쩔 수 없이 손실을 겪는다. 그가 설계한 모든 것이 회사 공동 경영자들의 생각에 따라 쉽게 이렇게 저렇게 바뀐다. 또 다른 면은 그가 혼자서 일할 때보다 다른 전문가들과 긴밀하게 공동경영하고 즉시 상담이 가능함으로 인해 계획을 착상하고 실행하는데 더 과감해 질수 있다.[9]

---

8) 13장을 봐라

9) 예를 들어 고든 번쉐프트가 위쪽이 바깥쪽으로 벌어지게 한 맨하탄 타워를 관련 기술자들의 협력 없이 고안해 냈다는 것을 생각하기는 쉽지 않다.

두 번째로, 설정된 서비스 비용에 대한 수정이다. 이것 또한 이미 일어나고 있다. 예를 들어, 뉴욕의 CO-OP CITY와 같이 큰 집을 짓는 계획은 과거에 했던 방식과 같이 스케치 단계로부터 시작하지 않는다. 도시 연구, 건설자금의 배정, 시, 주, 연방 기관들과의 협상으로 시작한다. 이것은 도시론자, 변호사, 생태학자, 금융가 그리고 주택 컨설턴트 등과 같은 전문가들의 전체집단에 대한 비용과 서비스 비용을 포함하는데 오늘날 건축가들의 스케치를 통해 기획설계비에 대한 오래된 15% 비율은 빅토리아 시대의 관습처럼 보인다. 시공도, 시방서, 감리조차 많은 부분은 그 분야전문가들에게, 또 얼마만큼은 공동 회사 형식의 건축회사와 또 다른 부분에 빼앗기고 있다. 가장 있음직한 것은, 건축가가 특정한 설계에 대한 어떤 비용도 받지 않으면서 봉급의 형태로 회사에서 있다면 매년 총 이익을 나눠 갖게 된다. 이것이 의미하는 것은, 반대로 건축가와 건축주와의 연관성 면에서 볼 때 건축가의 서비스를 받는 건축주에 대해서 보다 자유롭게 된다. 왜냐하면 건축가의 주된 고용주가 회사이기 때문이다. 이것은 다시 두 가지 측면이 있다. 첫째는 건축가가 건축주 개인의 요구와 취향에 덜 민감해진다. 그러므로 건축적인 표현에 있어서 개인 취향의 설계를 할 위험이 있다. 그러나 매우 아주 큰 설계에서는 개인의 건축주보다는 회사, 위원회, 대리점들이어서 손실은 실제보다 크다. 반면 낙관적으로 말하면, 건축주의 압박으로부터 더 자유로운 건축가는 대체로 공동체와 보통 사람들에 대한 설계의 효과에 관심을 갖게 된다고 볼 수 도 있다. 다른 말로 말하면 건축가가 건축주의 눈치를 덜 보면서 적어도 더욱 사회적 사고를 하게 되는 기회를 갖는다.

세 번째로, 건축적인 서비스의 유효성에 대한 혁명. 공식적인 숫자는 없지만 가장 믿을 수 추측으로 미국의 약 80% 정도의 건물이 건축가의 도움 없이 지어졌다고 어림잡는다. 물론 이 80%중 상당한 비율이 건축가를 필요로 하지 않거나 큰 관심을 끌지 않는 – 쓰레기장, 창고의 확장, 상점의 변경 그리고 그와 유사한 것들 – 작업이다. 그러나 거기에는 건축가가 두 가지 이유 중 하나 때문에 활용되어지지 않는 많은 건물이 있다. 그 이유중 하나가 일이 너무 작아서 어느 건축가도 그런 작은 대가를 위해 설계 수임을 원하지 않거나 –가장 빈번하다– 혹은 건축주는 건물 설계가 널리 통용되는 그런 설계이어서 건축가에게 시키기에는 너무 사치라는 생각을 가지고 있다. 건축가는 돈이 든다. 그가 하는 모든 일은 건물에는 장식의 한 부분이다. 그리고 그것도 역시 돈이 든다. 친절한 건축업자 목수친구인 Joe[10)]가 있으면 여러분들은 평범한 건물은 그 목수를 활용하고 멋진 건물은 일류회사에게 맡겨라. 대부분의 경우, 건축가가 실제로 건축주에게 돈을 벌어준다는 사실은 믿기 어렵다. 그러나 자주 인용된다. 예를 들어 5천 달러의 설계비가 추가된 5만 달러 집은 건축가 없이 6만 달러에 지어진 집보다 더 크고 좋다.

건축가들을 고용하지 않아 생긴 일의 또 다른 손실은 실제적인 비율을 단지 그냥 추측 하는 것이지만, 가까운 미래에 그 결과를 바로 알 수 있는 매우 중요한 요소로 규모에 따라 일정비율로 커지고 있다. : 조립식주택. 만약 여러분이 일요일 신문의 부동산 관련 페이지를 대충 넘긴다면, 여러분은 확실하게 여러분이 선택하는 대지에 몇 주(혹은 몇 일)내에 여러 개의 모델로 완공되는 조립식의 집들을 광고하는 두 세개의 회사 광고를 반드시 보게 된다. 그것들의 대부분은 레저용 집들이지만 조립식 형식이면서 연중 내내 사는 집도 계속 늘어가고 있다. 미리 결정된 가격으로 가격표시가 된 알려진 생산품을

10) 통칭으로 일반적인 목수로 흔한 이름으로 Joe를 사용한 것이다.

얻을 수도 있는데 불확실한 결과를 직면하면서까지 왜 본인이 직접 설계하고 고통을 겪습니까? 건축가와 상의하지. 건축주 마음속에 독특한 집을 꿈꾸는 경우를 제외하고는, 이에 대한 대답은 일괄 구매방식이 옳을 수도 있다는 것이다. 대부분의 사람들은 그들이 차를 원하는 방식과 똑같이 집을 원한다. - 그들이 낼 수 있는 가격에, 적당한 모습을 가진 주택, 최근 모델. 물론 아파트, 사무실 건물, 교회등과 같은 것이 될 때에는 건축가를 쓸 수밖에 없다. 건설업자의 옛 친구인 Joe가 설계하여 시공하는 것은 이웃집 약사가 심장이식 수술을 하는 것보다 못하다.

일반적으로 건축실무의 조건에서 여전히 개혁을 요구한다는 것이다. 크기와 상관없이 건축은 자금력이 풍부한 사람들의 소망과 욕구에 종속 되어 있기 때문에 많은 면에서 너무 많은 사람들에게 영향을 끼친다. 비유는 조금 과장 일수도 있지만 그러나 우리사회는 얼마만큼 해를 끼칠 것인지를 고려해서, 천연두를 가진 사람이 치료되지 않은 채 나다니는 것을 용납하지 않는다. 우리는 그를 병원에 떠밀고, 그가 지불할 능력은 고려하지 않고, 그가 다 나을 때까지 병원에서 풀어주지 않는다. 이것이 저가의 집과 반쯤은 자선적인성격의 계획인 경우를 제외하고, 대부분의 건축물이 공사비를 지불하는 사람들에 의해 시작되고 점령되어지기 때문에, 현재까지도 문제의 핵심요점이다. 그리고 건축물은 기본적으로 우리 모두에게 영향을 미치는 사회적인 행위이기 때문에, 건축물이 미래에 사회적인 서비스의 어떤 면을 책임질 것인가를 기대하는 것은 이치에 맞다. 물론, 교육은 이미 사회적인 서비스이다. 편지 배달, 경찰 보호 소방서도 그러하다. 미국에서는 많은 의료 서비스가 사회화 되었는데 반면에 영국과 그 밖의 나라에서는 사회주의화된 의학이 현실이다. 그러나 많은 결점이 그것에서

발견된다.[11]

만약 현 시대의 건축 실무의 많은 결점들이 언젠가 적어도 건축적인 서비스를 부분적으로 사회화함으로써 극복된다면 몽상가적 생각일까? 그것이 어떤 형식을 취하는가를 미리 예견하는 것은 불가능하다. 그러나 건축적인 서비스를 필요로 하는 그 누구도 무료 혹은 적은 비용으로 얻을 수 있다고 추측해 볼 수 있다. (건축가의 설계비는 의사들이 의료비를 의료기관에 의해 받는 것과 같이 공공기관에서 받는다.) 물론, 만약 여러분들이 특별히 원하는 ' Frank Lloyd Wright'라는 건축가가 있다면, 그리고 여러분이 다른 누구에게도 만족하지 않는다면, 개인적으로 건축가를 고용하는 특권을 여전히 갖는다. 신제도와 구제도는 그들이 의학과 법에서처럼 같이 작동할 수 있다. 건축물은 사회적인 예술, 사회적인 표현, 그리고 유력한 사회적인 요소라는 메시지는 수 세기 후에는 결국 견고하게 인정받는 진실이 된다. 다음 단계는 과거의 낡은 허구였던 현재의 건축 설계비를 현실화하는 것이다.

20여년 후에는 대부분의 현재의 건축학생들이 그들의 경력에서 최절정기에 있게 되는데, 지금 그들이 배우고 있는 것이 그때까지 그들이 배워온 것의 가장 단순한 단편이 될 것이다. 흥미 있는 시간이어야만 한다. 그리고 건축을 선택한 사람들을 위해서 가장 흥미 있는 직업이 되어야만 한다.

11) 가장 위대하고 오래된 사회화된 서비스는 물론 군대와 해군이다.

| 공역 및 감수자 약력 |

이 장 범

한양대학교 건축과 졸업(1981년)

공학박사(한양대학교 2003년)

현대건설 설계실 근무(1981년 -1986년 : 이라크 바그다드 하이파현장 근무)

영국 런던(1982년 : Ove Arup & Partners / Sami Mosawi Associates)

건축사 (1990년)

건축사사무소 소장(1992년-2003년)

선문대학교 건축학과 교수(2004년-현재)

건축과 인간

2006年 11月 20日 印刷

2006년 11월 15일 發行

공 저 : 이장범, 김경영, 신현준, 강민구, 권혁상, 박주영, 김미경, 김현애, 남기설, 신지연, 문장원, 안은경, 오지선, 이은호, 유선경, 이창수, 김재욱, 장윤재, 이상우

발행인 : 김 봉 태

발행처 : 선문대학교 출판부

336-708 韓國 忠南 牙山市 湯井面 葛山里 100

Tel. 041-530-2827, Fax. 041-530-2979

ISBN 89-8423-214-9 93540 정가: 12,000원